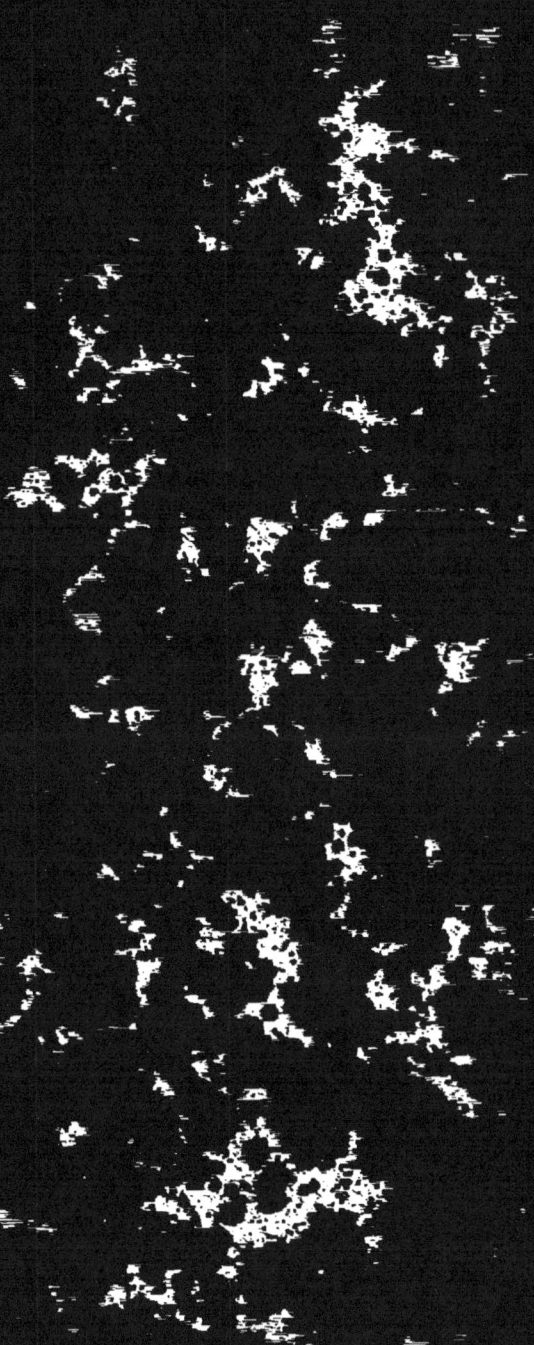

DE LA QUESTION

DU

REBOISEMENT

PARIS. — IMPRIMERIE D'E. DUVERGER,

RUE DE VERNEUIL, N° 6.

DE LA QUESTION

DU

REBOISEMENT

ET

NOUVEL EXAMEN DES CIRCONSTANCES CLIMATOLOGIQUES

Et des faits économiques qui se rattachent à l'existence des forêts,

Par A. FOREST

Avocat, ancien Sous-Préfet, Membre correspondant de l'académie des Sciences, Inscriptions et Belles-Lettres de Toulouse.

Summumque munus homini datum
arbores silvasque intelligebant.
Pline, *Hist. nat.*, l. XII, chap. 1.

PARIS

CHEZ GUILLAUMIN ET Cⁱᵉ.

RUE RICHELIEU, 14.

1852

La question forestière, d'abord l'objet de vives sollicitudes, a été bientôt atteinte par l'indifférence. Elle est aujourd'hui presque abandonnée. Ce résultat, auquel les préoccupations politiques ont pu concourir, tient surtout aux difficultés inhérentes à la question, et aux obstacles qu'elle doit rencontrer dans l'exécution. On ne saisit pas facilement les véritables fonctions que les forêts remplissent dans l'ordre de la création; et dans le doute, en présence d'intérêts irritables ou rebelles, on incline à leur refuser une action quelconque sur les phénomènes atmosphériques. On est bien forcé de reconnaître que sur les collines et les montagnes elles ont une destination *utile,* en concourant à consolider le sol et à combattre ou à neutraliser ainsi l'action dévastatrice des torrents; mais en même temps on dédaigne ou on néglige une production spéciale dont on proclame l'utilité, quoique restreinte. On assimile les produits forestiers, n'importe leur situation, aux autres produits résultats de la liberté humaine, et par là on considère le reboisement comme une mesure impossible, ou inconciliable avec notre régime économique [1].

Mes efforts doivent tendre à recueillir laborieusement tous les faits qui se rattachent à cette question difficile et complexe, à apprécier ainsi, s'il est possible, l'utilité réelle des forêts d'après les fonctions diverses qu'elles peuvent remplir, et à déterminer la place naturelle qu'elles doivent occuper dans l'ordre économique des sociétés actuelles.

Dans cet objet, je me propose de traiter les questions suivantes :

En premier lieu, les forêts situées à des zones plus ou moins élevées exercent-elles une influence appréciable sur les phénomènes météorologiques? Doit-on attribuer au déboisement, résultat inévitable de la civilisation, des changements notables dans le climat et dans l'état hygrométrique de l'atmosphère? Doit-on, enfin, lui attribuer la diminution des eaux qui surgissent ou qui coulent à la surface de la terre, et, spécialement dans les montagnes, ces irruptions irrégulières et soudaines des torrents qui envahissent les vallées et portent au loin leurs ravages dans des campagnes naguère florissantes?

---

(1) Voir les rapports de M. le directeur général et de M. Beugnot à l'Assemblée législative sur le défrichement des bois de plaines.

En second lieu, la production forestière, si elle
est utile, doit-elle être abandonnée aux chances
d'une liberté qui peut lui être fatale? Par sa
spécialité, par les besoins variés auxquels elle
doit satisfaire, par les fonctions diverses qu'elle
remplit, n'est-elle pas digne d'une attention particulière? N'est-il pas possible, par une répartition et une appropriation plus intelligentes des
diverses cultures, de lui réserver une place en
rapport avec sa destination?

En troisième lieu, enfin, quels sont les moyens
d'exécution à adopter pour préparer et assurer
la grande mesure du reboisement, et concilier
l'intérêt forestier avec des intérêts aujourd'hui
rivaux?

LIVRE PREMIER

CHAPITRE PREMIER.

De la météorologie. — De la périodicité des phénomènes atmosphériques, et de l'influence des circonstances locales.

Les instruments météorologiques n'ont été découverts que vers la fin du siècle dernier, et ce n'est que depuis peu qu'ils ont acquis ce degré de précision qui inspire la confiance. Encore n'a-t-on pu obtenir des moyens certains d'appréciation pour deux ordres de faits : l'évaporation, et la vitesse des vents. Ainsi les observations météorologiques, trop récentes et trop peu nombreuses, ne peuvent servir de base certaine à des inductions théoriques.

Elles ont également trop peu d'étendue. Elles n'embrassent qu'un certain nombre de points de comparaison ; les points intermédiaires ont été négligés. On s'expose à des chances fréquentes d'erreur, lorsqu'on veut étendre à des contrées entières les observations qu'on a recueillies sur un point isolé : une faible distance suffit souvent pour changer le climat. La température moyenne n'est calculée que dans les villes, où les abris, la réverbération, l'exposition la modifient profondément ; c'est également dans les villes, situées en général dans de grands bassins ou sur le bord de grandes rivières, que les moyennes de pluie sont constatées. Il en résulte que l'état météorologique de la campagne dans la plaine, ou à diverses hauteurs couvertes ou dénudées, n'a pas été suffisamment étudié.

La météorologie ne peut suivre les procédés ni les progrès de la physique. Le physicien renouvelle à son gré ses observations. Le météorologiste, en présence d'éléments dont il ne peut disposer, et de phénomènes dont la marche lui est souvent inconnue, est réduit à les étudier lorsqu'ils se présentent, sans pouvoir les reproduire : il ne peut appeler à son aide l'expérience. Il doit se borner à enregistrer et à classer les faits, et ce n'est qu'avec le temps et après des observations multipliées qu'il pourra arriver à des résultats généraux.

Comment, dans l'état de la science, et malgré les progrès dans lesquels elle est entrée depuis peu, pourrait-on aborder les deux questions posées en tête de ce chapitre ?

« La découverte de grandes périodes météorolo-« giques, dit M. de Gasparin, où la température au-« rait passé successivement du froid au chaud et « du chaud au froid, serait la découverte la plus « inattendue et la plus importante. Car, non-seu-

« lement elle ouvrirait la voie aux recherches sur la
« périodicité des modifications de l'atmosphère, que
« l'on n'a basée jusqu'à présent que sur de pures
« hypothèses, mais encore elle expliquerait un grand
« nombre de faits intimement liés à l'histoire civile
« des peuples et à celle de leurs cultures. »

C'est dans ce but que M. de Gasparin a enregistré divers faits qui sembleraient indiquer dans la
marche et dans la fréquence des vents (phénomènes
qui influent sur le climat d'une contrée) certaines
périodes qui reproduisent la prédominance de courants d'air venant de certains rumbs, et qui, après un
règne plus ou moins long, sont remplacés par des
courants venant d'autres directions. Ainsi M. Césa-
ris, ayant analysé les observations de Milan de 1765
à 1858, a trouvé que la direction moyenne avait
marché continuellement de l'est au nord d'environ
un degré par an. Schouw a reconnu qu'à Copenhague
la direction moyenne avait tourné de l'ouest au nord
de 1765 à 1800. D'après les résultats de Cottes, à
Paris, elle a marché jusqu'à la fin du siècle dernier
de l'ouest au nord, et d'après les observations de
M. Bouvard, insérées dans les *Mémoires de l'Académie*, elle rétrograderait du nord à l'ouest.

Ces faits, quoique dignes de mention, ne peuvent
être admis que comme un indice au milieu des incer-
titudes qui planent sur la question.

Que les phénomènes atmosphériques soient assu-
jettis à de grandes périodes, ou qu'ils suivent une

autre marche, l'étude des circonstances locales n'en est pas moins essentielle. Ces circonstances, sous l'empire des phénomènes généraux, peuvent souvent expliquer les effets divers qu'ils subissent, lorsque des localités qui par leur position paraissent soumises aux mêmes chances, se trouvent néanmoins dans des conditions différentes sous le rapport de l'intensité ou de la fréquence de ces phénomènes.

Dans l'état actuel de nos connaissances, bornons-nous à enregistrer les faits, soyons sobres de généralités, et ne sortons pas d'un doute raisonnable pour nous livrer à l'entraînement d'un système plus ou moins ingénieux.

CHAPITRE II.

Le climat des Gaules a-t-il changé depuis la conquête? Ce changement, s'il existe, est-il dû à des causes générales atmosphériques, ou ne doit-il être attribué qu'à des circonstances locales?

M. Fuster présenta à l'Académie en 1845 un mémoire dans lequel il cherche à établir les propositions suivantes : 1° à l'arrivée des Romains dans les Gaules, le climat était froid et humide ; 2° après la conquête, le climat s'adoucit progressivement du sud au nord ; 3° le neuvième siècle marque la limite de l'adoucissement du climat : il reste stationnaire pendant deux cents ans ; mais vers l'an 1200, il entre dans une période de décroissement qui s'est prolongée jusqu'à nos jours.

Ce mémoire fut soumis à l'examen d'une commission prise dans le sein de l'Académie. Il résulte du savant rapport de M. de Gasparin, que les propositions de M. Fuster ne sont pas justifiées. M. Martins, météorologiste distingué, les avait déjà combattues dans une notice très remarquable. Nous ne pouvons que renvoyer à ces deux documents.

Si les grandes périodes météorologiques, telles que M. Fuster les a limitées et décrites, ne sont pas réelles, il existe du moins quelques modifications qui se seraient manifestées dans le climat des Gaules depuis la conquête, et dont la cause doit être recherchée.

La physionomie des Gaules avant cet événement, et celle qu'elle présente après avoir subi l'influence de la civilisation romaine, me paraissent deux circonstances distinctes qu'on peut expliquer naturellement sans recourir à des hypothèses plus ou moins téméraires.

L'état des Gaules à l'époque où les Romains en firent la conquête, est parfaitement décrit par César dans ses *Commentaires*. On voit un pays couvert de marais et de bois qui le coupaient dans tous les sens, *perpetuis paludibus silvisque muniti*. En outre, César mentionne quelques forêts d'une immense étendue : celle de Bacenis (le Harts, d'après Cellarius), qui sé-

parait les Suèves (peuple de la Souabe) des Ché-
rusques (peuple de Cologne); celle d'Hercynie (la
forêt Noire), de neuf journées de marche; celle des
Ardennes, la plus grande de toute la Gaule, qui s'é-
tendait, depuis les rives du Rhin et le pays des Tré-
vires (Trèves) jusqu'à celui des Nerviens (Hainaut),
dans un espace de 500 milles.

Cette multitude de bois et de marais qui couvraient
presque tout le pays, devait rendre le climat humide,
couvert de brouillards, et sujet à des pluies fréquentes.
Sous ce rapport, la première proposition de M. Fuster
serait justifiée.

La seconde reposerait sur les faits suivants. Strabon
rapporte que de son temps la vigne et le figuier ne
dépassaient pas les montagnes des Cévennes. Quand
Domitien fit arracher les vignes dans les Gaules, elles
avaient atteint Autun. Enfin, sous Julien, la vigne et
le figuier se montraient aux environs de Paris.

De ce que la culture de la vigne n'existait pas dans
les Gaules à l'époque de la conquête, et de ce qu'elle
y aurait fait postérieurement de grands progrès,
même vers le nord, il ne faudrait pas en induire que
ce progrès fut l'effet nécessaire d'un adoucissement
du climat occasionné par des causes générales atmosphériques. Plusieurs motifs nous paraissent lutter
contre cette assertion.

La vigne n'est pas un produit indigène. Elle se
montre avec la civilisation. Elle n'existait pas, ou elle
occupait très peu d'espace en Italie, dans les premiers

temps. Pline rapporte que Romulus faisait des liba-
tions avec du lait et non avec du vin, ce que prouvent les sacrifices qu'il a institués. Numa a laissé une
loi dans laquelle il est dit : « N'arrose pas de vin les
« bûchers. » Il n'est pas douteux, explique Pline, que
cette loi n'ait été portée à cause de la rareté du vin.
On peut voir dans les auteurs qui ont écrit sur l'économie rurale l'extension progressive de la culture de
la vigne. Cette extension tiendrait-elle à des causes
météorologiques ? Non ; elle est en rapport avec la
marche de la civilisation, avec les habitudes nouvelles, les convenances et les intérêts économiques.

Les mêmes causes n'ont-elles pas produit les mêmes
effets dans les Gaules ? La conquête fut achevée
l'an 50 avant Jésus-Christ. Columelle vivait sous le
règne de Claude, qui prit les rênes de l'empire le
25 janvier 41 ; déjà cet auteur cite quelques espèces
de vignes célèbres venant de la Gaule, notamment la
biturique (Bourges ou Bordeaux). Mais Pline, qui a
publié son *Histoire naturelle* vers l'an 78 de notre
ère, mentionne diverses espèces de vins dans la Vien-
naise, en Auvergne, chez les Séquanais, les Hel-
ves, etc... Ces vins, ajoute-t-il, étaient inconnus du
temps de Virgile, *mort il y a quatre-vingt-dix ans.*

La culture de la vigne s'étend rapidement jusqu'aux
environs d'Autun. Elle attira l'attention de Domitien.
C'était une passion, comme le dit Suétone, et l'empereur craignait, d'après cet historien, qu'elle ne fît
négliger les champs ; d'après Philostrate, que l'abon-

dance du vin n'excitât plus facilement à la sédition. Il défendit de planter de nouvelles vignes en Italie, et voulut que celles des provinces fussent arrachées, et qu'on n'en laissât subsister que la moitié.

Mais Domitien, au dire de Suétone, ne fit pas exécuter cet ordre rigoureusement : *nec exsequi rem perseveravit*. Aussi les choses restèrent à peu près dans le même état. Probus (276-282) permit aux Gaulois et aux Pannoniens d'avoir des vignes : il en fit planter lui-même par les mains des soldats au mont Almus, près de Sirmium, et au mont d'Or dans la haute Mésie, et chargea de leur culture les habitants de ces provinces. (Eutrope, l. IX, chap. 11.)

Depuis Probus, la vigne s'étendit vers le Nord et jusque dans les environs de Paris, dont les vins et les fruits étaient appréciés par Julien (361-363).

Un progrès aussi rapide, notamment depuis la conquête des Gaules, cinquante ans avant Jésus-Christ, jusqu'au règne de Domitien (81-96), ne peut provenir d'un adoucissement du climat, qui, à moins de circonstances extraordinaires ignorées, ne s'opère pas si subitement. Il tient sans doute à cette impulsion que le peuple romain imprimait généralement par son influence, par ses colonies, par son exemple. La vigne, pour les Romains, c'était la civilisation. Sa culture était encouragée par tous les maîtres de la science. Caton, Varron, Columelle, Pline et Palladius la signalent comme susceptible de donner de meilleurs revenus que les autres produits de la terre. Il y a plus, c'est qu'on la jugeait propre à tous les climats. Columelle s'exprime ainsi : « Nous la plaçons « à juste titre avant toutes les plantes, non pas tant « pour la délicatesse de ses fruits que pour la facilité « avec laquelle elle répond aux soins dont elle est « l'objet, presque dans toutes les contrées et sous « tous les climats du monde, si l'on en excepte les « régions ou glacées ou brûlantes. » (*De re rustica*, t. Ier, p. 217.)

Si la première période météorologique s'explique naturellement par la physionomie que présentaient les Gaules à l'époque de la conquête, la seconde s'explique encore naturellement par les déboisements successifs, par le dessèchement des marais, par la culture qui prend possession de ces terres naguère improductives, en un mot par la civilisation. Les vapeurs dont l'air était pénétré disparaissent avec l'assainissement du sol. C'est avec raison que M. Fée, un des savants annotateurs de Pline, s'écrie : « César « n'eût jamais pu croire, quand il traversait les hu- « mides forêts de la Gaule, qu'au sein de ces froides « contrées, par delà même le territoire des Éduens, « naîtraient un jour les vins les plus délicats, les plus « agréables de la terre. »

Ce sont là les conquêtes de l'homme : c'est son domaine embelli par ses soins, assaini par la culture, enrichi par son industrie. Ne lui enlevons pas une œuvre qui porte les traits ineffaçables de son intelligence.

A côté de ces faits naturels qu'on produit comme un événement extraordinaire pour établir un changement dans le climat local, nous pourrions en citer d'autres qui nous conduiraient à un résultat opposé.

La Bigorre, au dire de Marca (*Hist. du Béarn*, p. 44), *possède un air doux et tempéré, malgré le voisinage des montagnes, et l'aspect de sa plaine est un des plus agréables de la Gascogne.* Cependant Scaliger, Vinet et Mérula accusent ce pays d'*une grande intempérie, causée par le froid.* Ausone reprochait à son ami Paulus, retiré dans cette province, dans sa maison de campagne appelée *Crebennus*, de vivre dans un pays *sans vignes* et en assez triste compagnie :

> ... nigrasque casas, et tecta magalia culmo,
> Dignaque pellitis habitat deserta Bigerris.

Ainsi, d'après le témoignage d'Ausone au quatrième siècle, la Bigorre était un pays tellement froid que la vigne ne pouvait y végéter, et que les habitants étaient obligés de se couvrir de peaux de bêtes pour se garantir des frimas. La Bigorre n'aurait donc pas subi l'influence de cette température plus douce qui aurait caractérisé la seconde période météorologique.

Reconnaissons dans la physionomie de cette province à cette époque, comme dans celle de la Gaule avant la conquête, un état de civilisation moins avancé.

En effet, le progrès de la culture de la vigne en Bigorre comme en Béarn, date d'une époque plus récente. Ce progrès aurait commencé vers la fin de la seconde période, et se serait continué pendant la troisième et même jusqu'à nos jours. Les faits historiques se trouveraient donc ici en opposition avec le système des grandes époques météorologiques.

Ainsi, dans les chartes du onzième au quinzième siècle, et même dans des documents postérieurs, on trouve partout, en Bigorre comme en Béarn, les traces nombreuses des progrès de la culture, et notamment de celle de la vigne. Dans ces chartes, la physionomie générale du pays à ces diverses époques est représentée de la manière la plus pittoresque. Partout des bois, au milieu desquels un monastère, une église, une chapelle servent de centre à la population qui se groupe insensiblement autour. Cette chaîne de collines qui sillonnent le Béarn dans tous les sens, et qui sont aujourd'hui peuplées presque uniquement de vignobles, ne présentait qu'une vaste ceinture de forêts. Les preuves de ce fait abondent ; nous n'en rapporterons que quelques-unes. Luc (*Lucus*) est encore désigné dans les anciennes chartes comme monastère de Saint-Vincent-de-*Seube-Bonne*, Sancti Vincentii monasterium *de Silva Bona*. On lit *La Selve* (Silva) pour Lasseube. Mifaget (Mieu-Faget) est indiqué comme *Medium Faget*. Dedi etiam *locum planum et nemorosum circa ipsum locum,* suffisienter quantum opus fuerit domo, c'est-à-dire *un plateau entouré de vastes forêts.* Sauvelade était connu sous le nom de *Silva Lata.* Le monastère de La Réole est fondé par Centulle-Gaston dans le onzième siècle, en un quartier de bois appelé *Sauvestre,* in pago Vasconiæ qui *Silvestris* vocatur. Les seigneurs de Bedosse (Aubertin) promirent de cultiver les terres et de faire des plantations dans tout le territoire qu'ils désignent, et qui est aujourd'hui couvert de champs et de vignobles, *amplam et liberam licentiam amplificandi agriculturas et plantationes, a decursu aquæ Baysæ usque ad summum montis.*

La culture de la vigne fit de grands progrès en Béarn, comme elle en avait déjà fait dans les autres parties de la Gaule. Marca nous apprend, sur le témoignage de Matthieu Pâris, que les Gascons faisaient un grand commerce de vins en Angleterre, et qu'ils avaient leur recours en Espagne, savoir aux villes de Cordoue, Séville et Valence, pour y faire la vente et le débit de leurs vins. « Bayonne, dit le même « historien, est une opulente cité assise sur la mer, « et la seconde ville de Gascogne, considérable pour « son port, et très bien pourvue de navires, d'hommes « de guerre et de marchands, particulièrement de « ceux qui font le commerce du vin. »

Les bois ont donc fait place aux vignes partout où cette culture a pu être adoptée. Cet état de choses se maintient. Le raisin mûrit comme autrefois, la ven-

dange se fait à peu près aux mêmes époques, et la
réputation des anciens terroirs se conserve, quoique
les vins de Béarn ne soient plus aussi goûtés qu'ils
l'étaient du temps de Henri IV. « Les vins de Béarn,
« écrivait Marca en 1640, sont d'une bonté exquise
« qui surpasse les meilleurs de Chalosse et du Bour-
« delais, par conséquent de toute la France. » (*Hist.
du Béarn*, p. 258.)

On ne peut attribuer la décadence de certains vins
autrefois renommés à des changements survenus dans
le climat local, sans s'exposer souvent à de grandes
erreurs. M. Martins l'a prouvé d'une manière aussi
spirituelle que savante. Mais les faits historiques sont
encore ici en opposition avec le système des grandes
époques météorologiques.

Les vins de Bordeaux étaient célèbres au temps
d'Ausone comme ils le sont aujourd'hui.

Bien des vins célèbres dans le monde romain ont
perdu leur réputation, tandis que d'autres ont acquis
une grande popularité.

Les vins de Tibur (Tivoli), autrefois renommés,
ne sont plus goûtés, tandis que le vin de Toscane
(*tuscum*), peu estimé des anciens,

> Uva nec in tuscis nascitur ista jugis,
> (Mart., *Epigr.*, l. I, 27),

passent aujourd'hui pour les meilleurs de l'Italie.

La décadence des vins de Campanie commençait
même du temps de Pline.

Pline n'appréciait pas nos vins de Provence et de Languedoc, qui sont aussi estimés pour leur saveur que pour leur variété. Le vin de Béziers (*Beterræ*), l'un des plus agréables du midi, n'avait, d'après ce naturaliste, aucune réputation hors des Gaules. Ces divers vins étaient donc sans valeur à l'époque de la seconde période, c'est-à-dire alors que la température s'élevait, et auraient acquis de la célébrité à l'époque de la décadence du climat.

Les soins, une culture intelligente, divers procédés peuvent améliorer la qualité des vins. La concurrence, la mode, le caprice même concourent souvent à leur vogue plus ou moins passagère. Nous aimons à leur conserver leur saveur native ; les anciens aimaient à la déguiser, à la modifier même, par une infusion de diverses plantes, par l'eau de mer et par le poissonnage. Ils employaient l'aloès pour donner à leurs vins du goût et de la couleur. Pline, en énumérant le nombre de ceux qui étaient connus de son temps, s'excuse de beaucoup d'omissions, parce que chacun apprécie le sien : *suum cuique placet*. Il cite, à ce propos, une anecdote assez plaisante. Un affranchi d'Auguste, gourmet habile et dégustateur officiel des vins qui devaient être servis à la table de son maître, disait à un personnage que l'empereur honorait de sa visite : « Votre vin n'est pas des meil- « leurs, mais il a un goût nouveau, et l'empereur « n'en boira pas d'autre. »

Ainsi, on ne peut justifier par les faits historiques

le système de grandes époques météorologiques auxquelles le climat des Gaules aurait été assujetti. Les changements qu'on a pu y remarquer tiennent à d'autres causes que nous avons fait entrevoir, et sur lesquelles nous devons insister dans le chapitre sui-vant.

CHAPITRE III.

Conséquences générales des faits qui précèdent.

M. Arago, dans une savante notice insérée dans l'*Annuaire du bureau des longitudes* pour 1834, a établi que depuis deux mille ans la température géné-rale de la masse de la terre n'a pas varié d'un dixième de degré, et que les changements qu'on a observés ou cru observer dans certains climats ne tiennent point à des causes cosmiques, mais à des circonstances locales, telles que *le déboisement des plaines et des montagnes, le dessèchement des marais, des travaux agricoles considérables*. Ainsi, en comparant les ob-servations thermométriques faites à Florence d'après les instructions de l'Académie *del Cimento*, vers la fin du seizième siècle, avec celles comprises entre 1820 et 1850, on a trouvé que la moyenne était sensible-blement la même. Seulement, il paraîtrait que *les hivers sont un peu moins froids, les étés un peu moins* *chauds,* résultats dus probablement aux déboisements opérés depuis cette époque. Aux États-Unis, on observe un effet analogue, à la suite des vastes défrichements dont ce pays est le théâtre. M. Arago applique ensuite ces notions au climat de la France, et fait voir que rien ne prouve qu'il ait subi des changements autres que ceux qui proviennent des travaux de l'homme.

La science la plus profonde vient à l'appui des faits historiques que nous avons signalés, pour ruiner le système des grandes époques météorologiques auxquelles le climat des Gaules aurait été soumis. Des circonstances locales, humaines, auraient seules produit les changements qu'on a cru y remarquer. Il est essentiel, ce me semble, de déterminer ces changements qui proviendraient du fait de l'homme.

Un pays entièrement couvert, entrecoupé de marais, doit être souvent enveloppé d'une atmosphère brumeuse. L'excès d'humidité dont l'air est pénétré favorise la production de divers végétaux, et la croissance de quelques espèces d'animaux aquatiques.

Ce n'est pas là le siége des sociétés humaines : ce n'est pas encore là la place de ces cultures que la Providence mit en réserve pour nos besoins. Le déboisement est une conquête de l'homme sur la nature. Par les tranchées qu'il pratique dans des forêts impénétrables, il facilite la circulation de l'air et de la chaleur; et par le dessèchement des marais, il vivifie et assainit le sol, qui ne verse plus dans l'atmosphère

de malfaisantes émanations. Ce n'est qu'à ces conditions que l'homme peut vivre, que les sociétés se forment et grandissent, et que, pour elles, le blé croît,
la vigne se propage et les fruits mûrissent.

Avec la civilisation, avec les populations qui se
multiplient sous son égide, les productions de l'homme
tendent indéfiniment à remplacer les productions
spontanées. Les bois disparaissent de toutes parts. En
même temps, un air chaque jour plus sec, plus dévo-
rant, attaque dans l'homme les sources de la vie, et
un sol sans abri et sans humidité, privé des éléments
nécessaires à la végétation, se décompose et se pulvé-
rise sous l'action d'un soleil brûlant, et demeure,
bientôt frappé de stérilité.

Des faits nombreux viennent justifier ces considérations générales.

On trouve des exemples de ce qui doit se passer
dans la première période, dans ces contrées de l'Amérique où des forêts vierges, au milieu d'un pays inhabitable, entretiennent dans l'atmosphère une excessive humidité. M. Warden rapporte que le climat de
la province de Belem ou de Para fut très nuisible aux
premiers colons ; mais que par le *déboisement* et par
la culture, l'air devint plus sain que dans les autres
contrées du Midi. Les incommodités auxquelles, dit
cet écrivain, les Indiens payent le plus souvent tribut,
sont des inflammations aux yeux et aux intestins, des
maladies de foie, des diarrhées, des dissenteries et des
fièvres intermittentes *qui tiennent principalement à*

leur habitude de vivre au milieu des bois humides et malsains.

La troisième période, marquée par un excès de sé-cheresse, se montre dans toute sa nudité dans les grands déserts de l'Asie et de l'Afrique. La végétation n'apparaît que dans ces oasis situés dans les vallons étroits qui peuvent conserver un peu d'humidité, et sur les bords des grands fleuves où des centres commerciaux existent de toute antiquité. Les effets d'une sécheresse occasionnée par un déboisement presque complet se manifestent encore, quoiqu'à un moindre degré, dans les pays les plus anciennement civilisés, comme la Grèce et l'Asie Mineure. A la place d'une terre couverte jadis de riches moissons, on ne trouve plus que des sables arides, et on cherche vainement plusieurs fleuves dont l'histoire a conservé les noms [1]. La Sicile et la Sardaigne ont perdu leur ancienne fertilité depuis leur complet déboisement.

Buffon avait déjà reconnu que la fertilité de la terre diminue avec la destruction des bois, parce que les végétaux en pourrissant rendent à la terre plus qu'ils n'en ont tiré, et qu'une forêt détermine les eaux de la pluie en arrêtant les vapeurs. « Les ani-« maux, dit ce grand naturaliste, rendant moins à « la terre qu'ils n'en retirent, et les hommes faisant des « consommations énormes de bois et de plantes pour « le feu et d'autres usages, il s'ensuit que la couche

(1) Mirbel, *Physiologie végétale.*

« de terre végétale d'un pays habité doit toujours
« diminuer, et devenir enfin comme le terrain de l'A-
« rabie Pétrée et comme celui de tant d'autres pro-
« vinces de l'Orient, qui est en effet le climat le plus
« anciennement habité, où l'on ne trouve que du sel
« et des sables. »

La seconde période, placée entre ces deux extrêmes,
est caractérisée par cette double circonstance, d'un
déboisement nécessaire mais limité, avec des cultures
florissantes. L'état hygrométrique de l'atmosphère
parait présenter en même temps les conditions les
plus favorables à la vie des hommes [1].

---

(1) On sait que l'air atmosphérique est composé d'oxygène, d'a-
zote, plus d'une petite quantité d'acide carbonique et de *vapeur
d'eau*. On sait encore que cette vapeur d'eau est nécessaire à la
vie des plantes et des animaux ; mais on ignore dans quelle proportion numérique elle doit se trouver dans les éléments de l'atmosphère ; on ne connaît pas même ce qu'elle est réellement dans
diverses régions de la terre et à diverses hauteurs. Ce qu'il y a
de positif, c'est qu'au delà d'une certaine limite, elle devient nuisible à la santé de l'homme. Nous avons indiqué les effets d'une
trop grande humidité ; la sécheresse, si elle est excessive, présente aussi de graves inconvénients. C'est pour la prévenir que les
habitants de l'Asie et de l'Afrique qui traversent habituellement les
grands déserts, s'oignent le corps de boue ou de graisse, et par là
empêchent les effets d'une évaporation considérable. Cette sécheresse, à un degré extrême, suspendrait complétement la vie orga-
nique.

Dans de justes proportions, l'humidité atmosphérique concourt
à la manifestation des phénomènes vitaux, et particulièrement elle
favorise l'acte de la respiration. En outre, l'une des circonstances
indispensables à la vie des êtres organisés, c'est l'existence dans

Ainsi l'état agricole d'un pays est dans un certain rapport avec l'état des forêts, et l'un et l'autre coexistent avec certaines conditions météorologiques.

CHAPITRE IV.

Des circonstances locales, et de leur influence sur les phénomènes atmosphériques.

Les circonstances locales doivent souvent expliquer les particularités que les phénomènes atmosphériques subissent dans leur marche générale. Tâchons, à l'aide des observations recueillies sur divers points du globe, de connaître et d'apprécier l'influence qu'elles peuvent exercer.

Vents. La théorie cherche à décrire et à définir les causes des vents généraux qui règnent dans les deux hémisphères. Ce n'est pas là notre objet. Nous devons rechercher s'il existe des courants particuliers dus à des circonstances locales, agissant d'une manière isolée et dans des limites déterminées, ou dont l'effet s'ajoute à celui d'un vent général.

leur corps d'une certaine quantité d'eau. Or ces êtres paraissent doués de la faculté d'absorber de l'eau par la surface extérieure de leur corps, au moyen des tissus qui ont une structure plus ou moins spongieuse et sont plus ou moins perméables aux liquides.

L'observation ne laisse aucun doute sur l'existence de ces courants particuliers et locaux, comme le *bora* en Istrie et en Dalmatie, le *gallégo* et le *solano* en Espagne, le *sirocco* en Italie, le *mistral* dans la vallée du Rhône, la *transmontane* dans le Dauphiné, les *vaccarions* ou *cavaliers* à Montpellier, le vent de *pas* dans le vallon de Blaud, et le *pontias* dans le territoire de Niort, département de la Drôme. Il est également reconnu qu'il existe dans les montagnes, des brises de jour et de nuit analogues à celles de terre et de mer. (M. Fournet, *Ann. de chimie et de physique*, t. 74, p. 357, 1840). J'ai fait les mêmes observations dans les Pyrénées.

Étudions les causes de ces courants locaux. Les plaines découvertes, les sols arides, s'échauffent plus vite : de là des courants ascendants. Dans les déserts de l'Arabie, par un temps calme, le courant ascendant de l'air échauffé suffit pour enlever le sable. Le savant professeur de Halle pense que le *solano* et le *sirocco* naissent probablement dans l'Andalousie et sur les voiliers arides de la Sicile. M. Fournet explique les alternatives de courants ascendants diurnes et de courants descendants nocturnes, par l'échauffement des cimes, par le soleil levant qui détermine un courant ascendant, tandis que l'échauffement de la plaine, plus considérable dans la journée que celui de la montagne, détermine vers le soir un courant descendant. J'ajouterai que, d'après mes observations, les courants ascendants sont déterminés principalement par les cimes dépouillées, nuest et arides, qui s'échauffent toujours plus promptement. J'ai remarqué que, parvenu au sommet d'une haute montagne, au lever du soleil on ressentait un courant ascendant venant du midi ou du nord, suivant que la montagne était voisine de l'Espagne ou des plaines françaises, et que souvent on éprouvait un peu plus tard l'alternative de courants venant du nord et du midi.

Les observations qui précèdent serviraient peut-être à expliquer un fait qu'on a cité sur l'autorité de l'historien Alexandre. Sous le règne d'Auguste, les forêts qui couvraient les Cévennes furent abattues et brûlées en masse. Une vaste contrée ne présenta plus qu'une surface complétement nue. Mais un fléau jusqu'alors inconnu vint porter la terreur d'Avignon aux bouches du Rhône, de là à Marseille, puis étendit ses ravages sur tout le littoral. Ce fléau, ce serait le *mistral*.

On voit comment les courants ascendants, nés dans des plaines découvertes ou dans des montagnes arides, peuvent donner lieu à des vents particuliers, et comment le boisement pourrait modifier ou détruire l'influence de ces vents, en diminuant l'effet des courants ascendants.

Maintenant, les forêts, dans diverses situations, tendent-elles à atténuer ou à modifier l'action de certain vents?

M. Arago, membre de la commission instituée par

l'ancien gouvernement, s'exprimait ainsi dans la séance du 2 avril 1857 :

« Si l'on abattait un rideau de forêts sur la côte « maritime de la Normandie et de la Bretagne, ces « deux contrées deviendraient plus accessibles aux « vents d'ouest, aux vents tempérés venant de la mer; « *de là, diminution dans le froid des hivers*. Si une « forêt toute pareille était défrichée sur la frontière « orientale de la France, le vent d'est glacial s'y pro- « pagerait plus facilement, *et les hivers seraient plus* « *rigoureux*. La destruction d'un rideau de bois au- « rait donc produit ici et là des effets diamétrale- « ment opposés. »

On a remarqué qu'aux États-Unis, le défrichement à rendu les hivers moins froids et les étés moins chauds, parce que, disent MM. William et Jeffer- son, l'effet du déboisement a été de rendre les vents d'ouest moins fréquents, et de donner la suprématie aux vents d'est, qui s'avancent de plus en plus dans les terres

On a cité encore l'autorité de Rigaud de Lille, qui a observé des positions en Italie où l'interposition d'un rideau d'arbres préservait tout ce qui était der- rière lui, tandis que la partie découverte était expo- sée aux fièvres.

Aussi les arbres, dans bien des circonstances, servent d'abris aux terres en culture, en les proté geant contre l'influence de certains vents qui leur sont nuisibles.

Le docteur Forster cite un fermier des côtes de Cornouaille qui, pour se garantir des coups de vent désastreux qui ruinaient ses moissons, s'avisa enfin de planter dans les terres vagues qui se trouvaient sur le rivage. A l'expiration de son bail, qui était de trente-huit ans, il retira de la plus-value de cette plantation la même somme qu'il avait déboursée pour son fermage. (*Revue britannique*, 1842.)

M. de Gasparin, qui apprécie l'efficacité de ces abris, conseille, lorsque le terrain n'est pas trop précieux, de planter de forts massifs d'arbres verts placés en tête des terres, dans la direction du vent. Mais quand on veut ménager le terrain, on se contentera de former des haies avec le laurier franc ou le cyprès. « On voit, dit ce savant agronome, de ces allées de « cyprès plantés à cent mètres les uns des autres dans « la plaine qui s'étend de la Durance à Orgon, et où « les vents du nord soufflent avec une grande vio- « lence. Nous avons près d'Orange une haie pareille « derrière laquelle on peut porter une lampe allu- « mée pendant les plus fortes raffales de bise. Aussi « plante-t-on cet arbre en rideau derrière les bâti- « ments pour les protéger contre les ouragans. »

M. de Dombasle, il est vrai, assure[1] que les champs qui sont abrités par des bois et des haies élevées, où on sent une température plus douce en se promenant, sont moins productifs et ont une moins

_____
(1) *Ann. de Roville*, t. 8, p. 305.

grande valeur que ceux qui sont en rase campagne.
M. de Gasparin répond que cela peut être vrai pour
la Lorraine, où l'*humidité* est plus à redouter que les
vents, qui sont modérés; mais les habitants de la Bretagne et ceux de la Provence n'ont pas la même opinion, et trouvent les haies d'abri très avantageuses à
la culture.

Dans une notice sur la situation de la colonie agricole de Grand-Jouan, M. Pieffel, en citant des faits
nombreux, prouve que, sous le climat de l'ouest, la
question des abris est de la plus grande importance
pour les céréales, les plantes fourragères, les prairies, les herbages, et même pour la végétation des
arbres. Les habitants de la campagne n'ignorent pas
les avantages des abris. Ils savent que dans telle localité abritée on nourrit tant de bétail chaque année,
tandis que dans telle autre localité non abritée on
n'en nourrit que la moitié ou les deux tiers. « Dans
« ces dernières, disent-ils, le haut vent et le soleil
« mangent tout. »

Dans le climat de l'Algérie, les vents jouent un
grand rôle. On y remarque deux saisons : l'une calme,
chaude et sèche; l'autre tourmentée par des vents
pluvieux et froids, où sur leur passage les vents po-
laires abaissent la température jusqu'à $+ 2°$ tandis
qu'elle est de $+ 8°$ et $+ 10°$ aux abris. Ainsi les por-
tions d'un champ de blé qui sont opposées à l'action
directe du vent d'hiver restent chétives, ne tallent
pas, et ne donnent qu'un maigre produit, tandis que

les parties abritées, dans des conditions de sol égales d'ailleurs, donneront un produit quatre ou cinq fois supérieur. Ces faits ont été constatés par M. Hardy, directeur de la pépinière centrale à Alger, dans un mémoire intitulé : *Notes climatologiques sur l'Algérie au point de vue agricole*. Ce mémoire fut soumis à l'Académie des sciences par le ministre de la guerre, qui demandait en même temps son concours pour l'introduction dans nos possessions africaines d'une agriculture riche, variée, et en rapport avec les conditions de climat et de sol de ce pays. La commission était composée de MM. Boussingault, de Jussieu, Gaudichaud, de Gasparin, rapporteur. Elle a pensé avec l'auteur que le pays ne sera rendu fertile *qu'à la condition de le couvrir d'abris, en boisant d'une manière compacte le tiers de sa surface*, d'emprisonner les eaux courantes et de les consacrer entièrement à l'agriculture ; que ces moyens, déjà éprouvés dans nos contrées méridionales et dans l'Algérie elle-même, doivent attirer toute l'attention des colons et du gouvernement ; qu'enfin, *les abris préserveront les végétaux placés sous leur protection du choc direct des vents froids et secs, rendront moins variable la température de l'hiver, modéreront l'évaporation, et prolongeront la durée de la saison végétative des plantes herbacées.*

On ne peut donc contester, d'après les faits nombreux que nous venons de rapporter, l'utilité que les forêts présentent contre l'action ou l'influence des vents,

Pluie. La quantité d'eau qui tombe sur une contrée peut-elle être modifiée par les circonstances locales? Nous avons déjà remarqué (chap. 1er) combien les moyennes de pluie prises sur quelques points isolés sont peu concluantes quand on veut les étendre à des régions entières. Elles peuvent varier dans une même contrée, suivant la hauteur, l'exposition et peut-être le boisement du terrain.

Il est un fait positif, c'est que la pluie tombe avec plus d'abondance dans les montagnes que dans la plaine. M. Puvis, dans un mémoire sur le sud-est de la France, rapporte que, dans le département de l'Ain, des observations de plusieurs années, faites dans la montagne, à son pied, à une distance de dix kilomètres, et sur les bords de la Saône, ont donné des résultats presque doubles. La moyenne serait dans la montagne de $1^m 59$, à son pied de $1^m 45$, à dix kilomètres sur le plateau de $1^m 25$, et au bord de la Saône de $0^m 84$. Dans les montagnes des Cévennes, la moyenne est de $1^m 58$, dans celles du Piémont de $1^m 47$. Dans les Alpes, d'après les observations recueillies pendant une série de 104 mois au mont Saint-Bernard et à Genève, on a trouvé à Genève une quantité de $0^m 848$, tandis qu'elle était au Saint-Bernard de $2^m 210$. Il est également certain que, dans les Pyrénées, les pluies sont plus abondantes que dans les plaines inférieures.

L'exposition des cimes influe sur la quantité de pluie qui tombe sur une contrée, comme nous l'expliquerons dans le chapitre VI où nous nous occuperons des effets du déboisement dans les montagnes.

Il paraît que généralement il pleut davantage dans un pays boisé que dans un pays découvert. Ainsi la moyenne pourrait varier avec quelques kilomètres; elle est à Paris de $0^m 54$, tandis qu'à seize kilomètres de distance, à Montmorency, *au milieu de coteaux de châtaigniers,* elle est de $0^m 68$.

« L'attraction générale des forêts de l'île de France, « dit Bernardin de Saint-Pierre, est d'accord avec « l'attraction métallique de ses montagnes. *Un champ* « *situé en lieu découvert* dans leur voisinage manque « souvent de pluies, tandis qu'il pleut toute l'année « dans les bois, qui ne sont pas à une portée de fusil. » (*Études de la Nature.*)

M. Boussingault déclare que, pour lui, il est constant qu'un défrichement très étendu diminue la quantité annuelle de pluie qui tombe sur une contrée : « Dans le Choco, dit-il, *dont le sol est couvert* « *de forêts,* il pleut presque toujours. Sur la côte « du Pérou, dont le terrain est sablonneux, dénué « d'arbres, privé de verdure, il ne pleut presque ja- « mais, et cela sous un climat qui jouit de la même « température, et dont le relief et la distance aux « montagnes sont à peu près les mêmes. »

Pour l'appréciation complète de la question, il est essentiel de rapprocher les faits qui précèdent de ceux que nous devons rapporter dans le chapitre suivant.

Température et climat local. La température moyenne d'un point de la terre dépend de deux causes générales : la latitude, et la hauteur au-dessus du niveau de la mer. Mais ces causes sont modifiées par plusieurs circonstances accidentelles et locales, telles que la distance à la mer, le voisinage des montagnes, la nature du sol, sa surface dénudée ou couverte de forêts, la direction des vents, etc.

Un changement dans la température moyenne, dû à quelqu'une de ces causes secondaires, doit nécessairement influer sur le climat local. Mais un semblable changement ne s'opère pas brusquement, lorsque les circonstances qui y donnent lieu ne sont pas subites et instantanées. Pour l'apprécier, il faudrait une série d'observations qui, partant de l'époque où ces circonstances se sont produites, continueraient jusqu'à nos jours. Ainsi le déboisement dont on cherche à déterminer les effets a commencé il y a quelques siècles, et ce n'est que depuis soixante ans environ que les instruments ont été découverts ; et encore les observations météorologiques manquent pour plusieurs contrées. C'est faute d'avoir apprécié ces difficultés que M. le directeur général et après lui M. Beugnot, dans leurs rapports à l'Assemblée législative, comparant les départements qui sont le plus boisés avec ceux qui le sont le moins, et ne trouvant entre eux aucune différence apparente *sous le rapport de la salubrité,* ont cru que les forêts n'exercent aucune influence sur les phénomènes atmosphériques.

Cependant les faits que nous avons rapportés plus haut, et qui s'appliquent même à la France, prouvent que, sous divers climats, les forêts ou des plantations convenablement distribuées atténuent l'effet des vents, et influent par là sur la température moyenne.

D'un autre côté, les faits historiques que nous avons développés dans le chapitre II, et les résultats constatés dans l'Amérique, justifient que de grands déboisements et défrichements occasionnent diverses modifications dans le climat d'un pays.

M. de Humboldt a observé (Asie centrale) que la rareté ou l'absence des forêts augmentent à la fois la température et la sécheresse de l'air, et que cette sécheresse, en diminuant l'étendue des nappes d'eau évaporantes, réagit sur le climat local.

M. Kaemts reconnaît également les modifications qu'apporte à la température moyenne d'une contrée une surface nue et aride ou une surface couverte de végétation et de forêts. Après avoir constaté que la température moyenne de l'équateur est de 27°,5, ce qui confirme les résultats obtenus par M. de Humboldt, il explique que cette moyenne n'est exacte que pour les côtes, et que dans l'intérieur de l'Afrique et de l'Amérique la température est plus élevée que sur les bords de la mer, sauf les modifications produites par les circonstances locales.

« Quoique ces points, dit-il, soient situés à plus de « 5,000 mètres au-dessus du niveau de la mer, on

« peut cependant déterminer d'une manière approxi-
« mative la température qu'ils auraient eue s'ils
« étaient au niveau de la mer. Or, en déduisant le
« décroissement de la température de ces observa-
« tions mêmes, je trouve plus de 28°. *Mais* ici se
« montre clairement l'influence que les circonstances
« extérieures ont sur la température moyenne ; et, à
« latitude et à hauteur égales, les pays nus et arides
« ont une température d'un degré plus élevée que
« ceux qui sont couverts de forêts, et par conséquent
« arrosés de pluies fréquentes. C'est à l'absence de
« végétation qu'il faut attribuer le climat brûlant de
« l'intérieur de l'Afrique. » (*Cours complet de météorologie*, p. 194.)

On a invoqué contre l'influence des forêts l'opinion de M. Gay-Lussac. Mais cette opinion n'est pas
aussi absolue qu'on le suppose. Ce savant reconnaît
que les forêts *ont une influence climatologique* lorsqu'elles sont situées sur des points élevés et qu'elles
s'offrent par de très grandes masses ou régions. Dans
des plaines, elles seraient sans action *lorsque les nuages pussent à une grande distance.*

Ainsi les faits historiques et les observations recueillies sur divers points du globe nous semblent
établir que les forêts modifient dans certaines limites
l'action des phénomènes atmosphériques, et que par
là elles influent sur la température et le climat d'une
contrée.

Orages. Nous pouvons dire avec M. Kaemts que,

si l'on compare tout ce qu'on a écrit sur les orages,
on n'hésite pas à conclure que ce sont les phénomènes les plus compliqués de la météorologie, et
qu'il est douteux que de longtemps on puisse se rendre compte de toutes les circonstances qui les accom-
pagnent.

Recherchons d'abord les faits qui peuvent servir à
l'histoire de ce grand météore.

Dans les Pyrénées, le point de départ des orages
est ordinairement au sud-ouest, suivant des lignes
qui se prolongent du sud-ouest au nord-est, dont la
largeur n'est que de quelques kilomètres, tandis que
la longueur s'étend à des distances infinies.

C'est dans les cimes nues et arides qu'ils paraissent
se former. Le pic d'Anie, dans la vallée d'Aspe, est
signalé comme le siége des orages, avec cette circonstance que pour les régions situées à l'ouest, comme
le pays basque, c'est le séjour d'un génie bienfaisant;
et effectivement, l'orage partant de ce pic s'éloigne
toujours de ces contrées, tandis que pour les régions
situées à l'est, comme le village de Lescun, qui se
trouve ordinairement sous l'influence du météore,
c'est la demeure du mauvais génie qui prépare sur
cette montagne maudite la foudre et les tempêtes
qu'il lance sur la terre. Malheur à l'imprudent qui,
dans la saison des orages, tenterait l'ascension de ce
pic redoutable et oserait troubler le repos du dieu
qui y réside! Les habitants de Lescun pourraient bien
le punir de sa témérité.

D'autres montagnes également nues et arides sont désignées dans presque toutes les vallées comme le lieu où l'orage s'élabore. Les vallées profondes semblent partagées en deux régions distinctes, ayant chacune une zone orageuse particulière partant presque toujours du sud-ouest et se dirigeant vers le nord-est.

Les effets des orages sont tellement divers, tellement variables d'une localité à une. autre, que ces diversités et ces variations capricieuses paraissent dérouter toutes les théories.

Les orages sont-ils plus fréquents aujourd'hui qu'ils ne l'étaient autrefois? La foudre cause-t-elle plus de désastres? La grêle est-elle plus intense?

Nous nous sommes posé ces questions, parce qu'elles ont été résolues affirmativement par l'opinion populaire à des époques où ces fléaux se renouvelaient pendant plusieurs années consécutives.

M. Arago s'est demandé *s'il tonne aujourd'hui plus souvent que jadis;* mais il reconnaît qu'il est presque impossible, dans ces sortes de matières, d'établir une comparaison exacte, parce que l'antiquité ne possédait aucun de nos instruments. Il pense qu'on peut chercher dans le *recensement des coups foudroyants* un léger indice qui pourrait faire pencher la balance d'un côté plutôt que de l'autre. Sous ce rapport, la comparaison semblerait indiquer que les coups foudroyants étaient plus nombreux jadis qu'aujourd'hui. Comme ce savant le remarque, l'histoire mo-

derne ne nous présente aucun homme *de marque*
foudroyé, tandis que les poëtes citent Salmonée, Ca-
panée, Sémélé, Romulus, Encelade, Typhon, Ajax,
Adimante, Lycaon, et que les historiens mentionnent
Tullus Hostilius, l'empereur Carus, Anastase Ier.

Ce recensement pourrait s'agrandir, si l'on con-
sultait un petit livre peu connu, de Julius Obséquens,
de Prodigiis. On y trouve enregistrés année par année, depuis la fondation de Rome jusqu'à l'empire,
tous les phénomènes remarquables qui s'y sont produits, tels que pluies de pierres, tremblements de
terre, inondations, *coups foudroyants* frappant les
hommes, les animaux et les édifices publics, souvent
avec l'indication des circonstances accessoires qui ont
accompagné le phénomène.

Les documents manquent pour qu'on puisse es-
sayer une comparaison analogue en ce qui a rapport
aux orages suivis de grêle. Julius Obséquens n'en
parle pas. Il mentionne avec soin les *pluies de pierres*
tombées sur divers points. On ne peut confondre ces
deux phénomènes, et Julius Obséquens les distingue
lui-même, puisqu'en signalant une pluie de pierres
survenue du temps de Tullus, il dit qu'elle tombait
en aussi grande quantité que la *grêle agglomérée* lorsque les vents la poussent vers la terre.

Que la grêle fut un fléau redouté des anciens, c'est
un fait hors de doute. Ce qui prouve qu'elle occasion-
nait des dommages fréquents, ce sont les préservatifs,
ou mieux les talismans, auxquels on avait recours.

Les superstitions populaires s'attachent aux phénomènes de la nature lorsqu'ils présentent un certain
degré de fréquence et d'intensité, et surtout lorsqu'ils
menacent la vie de l'homme ou ses récoltes les plus
précieuses. Envelopper une meule d'étoffe rose, lever
d'un air menaçant des haches ensanglantées, entou-
rer son enclos de vigne blanche, y suspendre une
chouette, etc., tels sont les moyens indiqués par Palladius contre la grêle et les autres fléaux ennemis des
fruits de la terre.

Sénèque rapporte un fait assez curieux qui prouve
que les sortiléges auxquels les habitants de nos campagnes ont recours pour conjurer les orages ne sont
pas nouveaux et paraissent renouvelés des Grecs. Il
raconte avec un scepticisme railleur qu'à Cléones il
existe des préposés publics nommés χαλαζοφύλακας, ou
observateurs de la grêle... A peine ont-ils donné le
signal de l'approche du fléau, chacun court... aux
manteaux, aux couvertures...? Eh! non! au temple,
où ils immolent, l'un un agneau, l'autre un poulet,
et dès que les nuages ont un peu tâté de sang, ils se
portent ailleurs. Ceux qui n'ont ni agneau ni poulet
versent leur propre sang : il suffit de se piquer les
doigts avec un stylet bien affilé... et la grêle épargne
aussi bien le champ de celui qui a fait cette humble
offrande, que le domaine du riche qui immole de superbes victimes. Ce qu'il y a de plus remarquable,
c'est que des peines étaient portées contre ceux qui,
étant chargés de prévenir les orages, laissaient par

leur négligence la grêle battre les vignes ou renverser les moissons. (*Quest. nat.*, l. IV, chap. 7, édit. Panckouke.)

On trouve ces usages superstitieux sous diverses formes dans des époques postérieures. Du temps de Charlemagne, on élevait de grandes perches dans les champs pour écarter la grêle et les orages. Ces perches, pour avoir de l'efficacité, devaient être surmontées d'un papier mystérieux. Charlemagne proscrivit ces usages comme superstitieux.

Poursuivons la recherche des faits qui se rapportent à ce météore en ce qui regarde les contrées pyrénéennes, et dans des époques plus rapprochées de nous.

Les grands déboisements des Pyrénées ont eu lieu postérieurement à l'ordonnance de 1669. Avant cette époque, en 1640, Marca décrivait ainsi le climat des Pyrénées : « Du côté de la France, disait-il, ces montagnes sont chargées de forêts de hêtres, de chênes et de sapins, et presque toujours verdoyantes, à cause qu'elles sont à l'abri de ce vent (du midi), « sont arrosées de pluies ordinaires, *et souvent sont battues de grêles* qui sont engendrées par les vapeurs épaisses de la mer Océane, poussées par les « vents d'ouest et de nord-ouest vers la montagne, où « elles sont mêlées avec celles qui se lèvent sur les « lieux d'un suc pierreux, lesquelles se choquent ordinairement avec les exhalaisons chaudes qui sont « poussées des entrailles de la montagne, forment les

« éclairs et les foudres bien souvent dans une heure. »
Ailleurs, il mentionne le terroir du Béarn comme
infertile, ne pouvant fournir des fruits aux habitants
que pour une moitié de l'année, « d'autant plus,
« dit-il, qu'*il est battu ordinairement de la grêle* qui
« se forme dans les montagnes. » (*Hist. du Béarn*,
p. 256.)

Dans des lettres patentes du 16 août 1608,
Henri IV accorde divers dégrèvements à ses sujets du
comté de Bigorre, « dépendant, dit-il, de notre an-
« cien domaine stérile, et sujet à diverses incommo-
« dités, *grêle*, gelées et autres accidents, par sa
« proximité et la plupart d'icelui étant dans les
« Pyrénées. »

M. de Bret, dans ses mémoires, écrits en 1700,
reconnaît que la *grêle* est très fréquente en Béarn.

Ces faits prouvent sans doute que la grêle est un
fléau connu de tous les temps ; mais, faute de précision, et en l'absence d'observations suivies pendant
un grand nombre d'années, ils ne peuvent servir
d'élément à une appréciation comparative entre diverses époques, de la fréquence et de l'intensité du
phénomène. Ils ne nous éclairent pas, d'ailleurs, sur
deux particularités remarquables.

Il s'agit d'un phénomène local, et dans les régions
où il règne, pourquoi certaines localités sont-elles
ravagées, tandis que les contrées adjacentes sont
presque toujours épargnées ?

Une autre particularité de ce phénomène, ce sont

ses intermittences. J'ai cru observer que des localités frappées de ce fléau pendant quelques années consécutives, passent un certain temps sans en éprouver les atteintes. Il est impossible, dans l'état actuel de la science, de définir la cause de ces périodes dont la durée est également inconnue. Cependant je remarque que le point de départ des orages peut varier, et varie quelquefois entre l'ouest et le sud, et que leur marche doit suivre ainsi des directions différentes. A quoi doit-on attribuer ces variations? Tiendraient-elles à des causes générales qui modifient la direction des vents, en les faisant avancer ou rétrograder suivant certaines lois ignorées [1]? Quoi qu'il en soit, les habitants des Pyrénées observent attentivement la marche de l'orage au commencement du printemps, et prétendent que cette marche est à peu près constante pendant le cours de l'année.

C'est à l'étude des faits, c'est à l'examen des circonstances locales qu'on doit s'attacher, pour expliquer, s'il est possible, les causes des variations du phénomène. Comme le dit M. Kaemts, si la marche des orages était connue par des observations embrassant une série de plusieurs années, on pourrait, en les rapprochant des circonstances locales, découvrir pourquoi certains pays sont souvent ravagés par la grêle, tandis que d'autres sont presque toujours épargnés.

(1) Voir chap. 1er.

Quelles sont ces circonstances locales? Elles ne peuvent être que *la configuration terrestre, une chaîne de montagnes, la constitution géognostique, les courants locaux, les grands fleuves, et les grandes forêts situées à des zones plus ou moins élevées?*

Observons comment les faits se produisent dans les pays de montagnes, où les orages sont plus fréquents et plus intenses.

Dans les vallées de la Suisse, qui vont de l'est à l'ouest, il se passe quelquefois vingt années sans grêle. M. de Buch a remarqué que le fléau était rare dans les vallées où l'on observe des goîtres et des crétins; mais à l'ouverture de ces vallées, là où elles se confondent avec le pays appelé la plaine, par opposition avec les Hautes-Alpes, la grêle est très commune. Borgofranco, au débouché de la vallée d'Aoste, est dévastée par la grêle presque tous les ans. (*Cours de météorologie* de M. Kaemts.)

De Saussure avait déjà reconnu que les contrées situées à quelque distance des hautes montagnes sont affligées par ce fléau plus souvent que celles qui sont placées au pied des Alpes ou à une grande distance de ces montagnes.

Les observateurs ont également constaté que, pendant que les vallées sont épargnées, il grêle assez fréquemment sur les sommités.

Dans l'Auvergne, les orages sont fréquents, et presque toujours accompagnés de grêle. Au pied des montagnes, les villages de Blanzat, Chateaugué et

Payat paraissent être condamnés annuellement à la grêle, tandis que ce fléau est rare entre le Mont-d'Or et le Puy-de-Dôme, quoique cette région soit peu éloignée de ces villages; seulement elle est située à 400 mètres plus haut.

Dans les Pyrénées, les vallées sont généralement épargnées. Celle de Baretous, dans les Basses-Pyrénées, est presque privilégiée. A Avette, il n'a grêlé que deux fois en l'espace de cent vingt ans. Dans le bassin de Bedous (vallée d'Aspe), la grêle est très rare. Mais pendant que les lieux bas, les bassins, les gorges resserrées entre de hautes montagnes ne sont pas sujets à ce fléau, les points élevés sont quelquefois atteints. Ainsi les hameaux d'Urdos, d'Aydine, de Lourdios et de Lescun (vallée d'Aspe), et quelques domaines très élevés (vallée de Baretous), ressentent davantage les effets du météore.

Les sommités des Pyrénées, comme celles des Alpes, sont parfois atteintes par la grêle : c'est un fait positif, attesté par Ramond et par d'autres naturalistes.

Observation générale et constante dans les pays de montagnes : il grêle fréquemment dans les plaines; mais dans les vallées, la grêle est très rare, tandis qu'elle frappe souvent les points élevés et même les sommités [1].

_____

(1) L'orage du 3 juin 1851 justifie complétement cette observation générale. Pendant que les montagnes des vallées d'Aspe et d'Ossau étaient couvertes d'une couche épaisse de grêlons de mé-

On explique difficilement ces faits. M. de Charpentier et le professeur de Halle pensent que, lorsqu'il grêle dans les montagnes et qu'il pleut dans les vallées, c'est que les grêlons fondent avant d'arriver dans ces vallées, où l'air se conserve plus chaud. Le dernier suppose en outre que les hautes montagnes empêchent la lutte des vents opposés, en la limitant aux hautes régions de l'atmosphère.

La constitution géognostique du sol doit-elle être considérée comme une circonstance qui peut influer sur la fréquence ou l'intensité des orages ?

M. Arago rapporte à cet égard quelques faits curieux qui doivent trouver ici leur place. Il cite les remarques réduites en tableaux, que M. Lewis-Wiston-Dilhwin adressait en 1805 à M. Luke-Howard, et desquels il résulte que les orages accompagnés de tonnerre sont plus ou moins fréquents selon la nature métallifère du terrain. Ainsi, dans l'est du Devonshire, il y a beaucoup d'orages et peu de mines métalliques, tandis qu'à Cornouailles, et surtout dans les environs de Swansea, il y a peu d'orages et beaucoup de mines. Le même phénomène se produit dans le sud et le nord de Devon.

M. Blavier remarque que, dans le département de

diocre dimension, on a pu remarquer qu'il pleuvait dans les vallées et dans les plaines qui s'étendent au pied de ces montagnes, qu'à 4 kilomètres environ la pluie était mêlée de grêlons, et qu'à 14 ou 15 kilomètres, à Moncin, une grêle intense ravageait les vignes et les moissons.

la Mayenne, il existe des masses de diorite grenue et compacte (grunstein) qui renferment une proportion notable de fer, et qui agissent sur l'aiguille aimantée. « Il m'a été assuré, dit-il, que certaines communes, « celle de Niort par exemple, voyaient toujours les « orages les plus menaçants se dissiper à leur ap-« proche, ou se tourner dans certaines directions. « Nous pensons que c'est dans l'action (l'action con-« ductrice) de plusieurs masses considérables de « diorite qui se montrent dans cette contrée, qu'il « convient de chercher l'explication de ce fait. » (*Statistique minéralogique et géologique du départ-tement de la Mayenne.*)

Nous avons déjà remarqué que les communes du bassin de Bedous ne sont presque jamais atteintes par la grêle. Devrait-on attribuer cette particularité à l'existence dans ce bassin de masses considérables de *diorite porphyroïde,* vulgairement *ophite,* très ferru-gineuse et ayant la propriété d'agir sur l'aiguille ai-mantée? J'avoue que cette circonstance ne me paraît pas déterminante, parce que le bassin de Bedous peut devoir uniquement à sa configuration la faculté d'être épargné par les orages accompagnés de grêle.

M. Dilhwin, au rapport de M. Arago, maintient que les pays calcaires sont ceux où les orages ont le plus de force et de fréquence. La chaux carbonatée paraît entrer pour les sept huitièmes dans la compo-sition des Pyrénées. Pourrait-on attribuer à cette cir-constance la multiplicité des orages qui portent si souvent leurs ravages dans les contrées adjacentes?

Une bande de calcaire du Jura, l'un des derniers échelons de la chaîne, s'étend depuis l'Océan jusqu'à la Méditerranée, sur une largeur de quatorze lieues environ. Il serait curieux d'étudier les rapports qui peuvent exister entre la nature de ce terrain et la fréquence des orages. J'ai cru remarquer que quelques localités situées sur cette bande géognostique, dans le département des Basses-Pyrénées, sont plus souvent frappées par les orages accompagnés de grêle.

Les orages d'été sont dus, en général, à l'action des *courants ascendants*. Mais ces courants ne seront-ils pas plus ou moins énergiques selon la forme du terrain, la nature du sol plus ou moins conducteur du calorique, et selon que ce sol sera humide ou sec, couvert de végétaux ou entièrement dénudé?

La question des orages en général et celle de la formation de la grêle en particulier, toujours soulevées et jamais résolues, ne nous permettent que d'exprimer des doutes, tout en recueillant les faits qui peuvent servir à l'histoire de ces météores. Recherchons les circonstances locales qui, en influant sur l'électricité, pourraient tendre à atténuer ou à modifier les effets du phénomène. Peut-être les observations dirigées dans ce sens amèneront-elles plus tard quelques lumières.

M. Arago, dans sa célèbre *Notice sur le tonnerre*, à laquelle nous nous plaisons souvent à recourir, a observé que, lorsque l'atmosphère est orageuse, il y a dans les entrailles de la terre, et à la surface ou au sein des eaux, des perturbations qui se manifestent par des détonations foudroyantes, par des phénomènes lumineux, et par des aigrettes sur les pointes. Ces faits ne tendent-ils pas à prouver que, dans les rapports qui existent entre l'atmosphère et le sol pendant un orage, diverses substances, divers corps, diverses particularités locales peuvent influer sur l'intensité ou la neutralisation du phénomène?

Les arbres, par exemple, remplissent-ils dans la nature une fonction particulière relativement à l'électricité?

Il est positif qu'ils sont fréquemment atteints, surtout ceux qui ont une taille élancée et s'élèvent à de grandes hauteurs, comme le sapin. « Si l'on s'en « rapporte, dit M. Arago, au témoignage de ceux qui « achètent et exploitent de grandes étendues de fo« rêts pour les besoins du charronnage et de la me« nuiserie, les arbres sont frappés plus souvent qu'on « ne l'imagine. Lorsqu'on les scie, lorsqu'on fait des « madriers ou des planches, il se montre une infinité « de fentes ou de fissures qui ont eu évidemment un « coup de tonnerre pour cause première. »

M. Héricart de Thury, dans une petite brochure publiée en 1838, a recueilli et décrit dix-huit faits de coups foudroyants qui, en frappant des arbres, auraient respecté les habitations voisines. Il en conclut que les arbres sont conducteurs de l'électricité atmosphérique, et agissent sur ce fluide à la façon du pa-

ratonnerre. M. Arago reconnaît que les arbres souti-
rent aux nuages orageux une partie considérable de
la matière fulminante dont ils sont chargés. « On
« peut donc les considérer, dit-il, comme un moyen
« d'atténuer la gravité des coups foudroyants; mais
« c'est aller au delà des limites de l'observation *que*
« *de les doter d'une vertu préservatrice absolue.* »

Parmi les cas que j'ai notés, souvent les arbres ont
garanti l'habitation, quelquefois l'habitation a res-
senti les effets de la foudre en même temps que
l'arbre était frappé. Cependant, dans ce dernier cas,
on ne peut dire jusqu'à quel point l'arbre foudroyé a
pu atténuer l'effet du fluide électrique, ou si l'influence de l'arbre a été affaiblie ou contrariée par
d'autres circonstances, par exemple lorsque la maison est entourée d'eau, lorsquelle présente ou qu'elle
renferme des substances métalliques.

M. Arago a noté qu'à Paris, il tonne, terme moyen,
14 fois par an, tandis qu'à Denainvilliers, entre
Pithiviers et Orléans, le nombre des jours de tonnerre s'élève à 21. Ce savant, qui ne peut attribuer la cause de cette différence à la forme du terrain, puisqu'il est difficile de citer un pays moins
accidenté, se demande si cette cause ne se trouverait
pas *dans la Loire, dans la vaste forêt d'Orléans,
dans la Sologne.*

D'autre part, M. de Tristan a enregistré soixante-
quatre orages distincts et accompagnés de grêle qui,
dans l'espace de vingt-six ans (du 1er janvier 1811

au 1er janvier 1847), occasionnèrent de grands dommages en divers points du département du Loiret,
voisins de la forêt d'Orléans. Il a reconnu qu'un
orage, *quand il passe sur une vaste forêt,* s'y affaiblit
notablement.

Maintenant, tâchons de reconnaître ce que les faits
que nous venons de rapporter ont de certain ou de
problématique, et d'arriver à quelques inductions
générales.

D'après l'opinion la plus probable, la formation de
la grêle serait due à un décroissement rapide de la
température, occasionné par des courants ascendants
très énergiques, et à la lutte des vents opposés dans
les hautes régions de l'atmosphère.

Les circonstances locales doivent nécessairement
modifier l'action du phénomène. Les courants ascendants se forment plus rapidement dans les vallées : ce
qui explique pourquoi les orages sont plus fréquents
dans les montagnes. Mais en même temps l'air se
conserve plus chaud dans les vallées, qui sont en général garanties contre les vents du nord. Dans les
plaines, au contraire, ces vents s'y précipitent sans
obstacle.

Toute localité qui, en dehors d'une chaîne de montagnes, se trouvera dans une condition analogue à
celle d'une vallée, éprouvera plus rarement ou moins
énergiquement l'action du phénomène. Une cime ou
une colline, suivant leur orientation, peuvent, quoique
isolées, garantir diverses contrées, en les protégeant

4

contre les vents du nord, ou en présentant un obstacle à la marche des nuages et en formant souvent une ligne de partage.

La disposition locale est donc une circonstance qui influe sur le phénomène.

Les forêts exercent-elles une action quelconque et directe sur les nuages ?

Les forêts situées dans des zônes élevées, ou formant dans la plaine de grandes masses, concourent à atténuer l'action des vents, et par conséquent à arrêter la marche d'un nuage. Aussi il paraît assez positif qu'un nuage s'affaiblit en traversant une vaste forêt [1], soit qu'elle attire les nuages, soit qu'elle les divise, soit que les arbres exercent une action réelle sur le fluide électrique. Mais on ne peut encore reconnaître la cause véritable de ce fait.

L'électricité concourt-elle à la formation de la grêle ? Sans doute l'accumulation de vapeur qui est nécessaire pour donner naissance à ce météore paraît devoir donner lieu à un grand développement d'électricité. D'un autre côté, les orages accompagnés de grêle présentent quelques particularités qui semblent les distinguer des orages accompagnés uniquement d'effets électriques. Pendant la marche des premiers, le tonnerre est sourd ou ne se fait pas entendre, les

(1) On a remarqué dans les Basses-Pyrénées que diverses propriétés sont plus fréquemment sujettes à la grêle, depuis qu'on a abattu de grandes forêts situées au sud-ouest.

éclairs sont moins brillants. Là où la foudre éclate, il n'y a pas ordinairement de grêle. Les habitants des Pyrénées, à l'approche d'un orage, se rassurent lorsque le tonnerre est bruyant, lorsque des éclairs vifs, longs et étincelants déchirent les nues [1].

Il serait curieux d'étudier si, généralement, il tonne davantage et si les coups foudroyants sont plus fréquents dans un pays boisé que dans un pays découvert, et si, par contre, les orages accompagnés de grêle sont plus rares et moins graves.

Je viens de parcourir une assez vaste carrière sur une question difficile et complexe. C'est dans l'étude des circonstances locales, recueillies avec soin, qu'on trouvera peut-être un jour l'explication de tous ces accidents variés et divers que présente le plus terrible des météores, qui dans tous les temps a apparu au vulgaire épouvanté comme un effet de la colère ou de la vengeance des dieux.

(1) Ils disent dans leur patois énergique :

L'an de la périclade
Ey l'an de la milloucade;

c'est-à-dire, l'année pendant laquelle il tonne assez fréquemment est une année d'abondance. C'est que l'orage fond en pluie, et que la pluie, pendant les mois de juin et de juillet, est singulièrement propice aux fruits de la terre.

CHAPITRE V.

Des forêts considérées relativement aux sources et à l'état hygrométrique de l'atmosphère.

Théophraste rapporte, d'après Pline, que, lorsque Cassandre, assiégeant les Gaulois, fit abattre les forêts qui couvraient le mont Hémus pour y construire un retranchement, on vit jaillir à la surface du sol des eaux abondantes. L'effet contraire se produisit lorsque la ville d'Arcadie en Crète fut détruite et rasée ; les eaux des rivières nombreuses des environs disparurent aussitôt : la ville ayant été reconstruite au bout de six ans, les eaux revinrent à mesure qu'on cultivait le terrain. Théophraste ajoute que ce qui était arrivé au mont Hémus eut lieu aux environs de Magnésie. (Pline, *Hist. nat.*, l. 50, chap. 20, édit. Panckouke.)

Mais Sénèque conteste avec raison ces deux faits : le premier, parce que c'est dans les lieux couverts qu'abondent les sources, *quia fere aquosissima sunt quæcumque umbrosissima;* et le second, parce qu'il y a plus d'endroits où les eaux ont attiré la culture que d'endroits où la culture a fait naître les eaux. (*Quest. nat.*, l. III, chap. 10.)

Il est des circonstances particulières qui produi-

sent un phénomène qui paraîtrait avoir quelque ana-
logie avec celui du mont Hémus, mais qui prouve en
même temps que les arbres n'absorbent pas les eaux
qu'ils peuvent quelquefois déplacer ou élever. Dans
les Landes, au milieu de ces sables flottants que
le génie de l'homme est parvenu à fertiliser en les
fixant, on rencontre des espèces d'entonnoirs ou de
petits vallons qu'on appelle *lèdes*, dans lesquels les
eaux pluviales séjournent faute d'écoulement. On a
remarqué que, lorsque les pentes qui forment ces entonnoirs se couvrent de bois, la surface des *lèdes* se
dessèche tout aussitôt, et les eaux s'élèvent sur la
pente, où on les retrouve à deux ou trois mètres du
sol : c'est là un effet de la puissance de capillarité des
racines des arbres. Mais cet effet ne peut se produire
que dans des terrains excessivement meubles, et sous
l'empire de circonstances presque exceptionnelles.

M. de Dombasle, dans un écrit qu'il livra au public en 1839, n'attribue aux forêts aucune influence
sur l'alimentation des sources. Ce savant agronome
prétend que leur existence tient uniquement à la différence de niveau entre les diverses parties de la surface du sol. Ainsi la cause de leur diminution générale se trouverait dans cette action insensible, mais
réelle, qui tend au nivellement graduel du sol en
abaissant les hauteurs et en élevant le niveau des
vallées.

M. de Dombasle met en fait ce qui est en question,
lorsqu'il affirme que la pluie tombe indifféremment

sur les terrains découverts comme sur les bois. Les faits que nous avons rapportés dans le chapitre précédent tendent à prouver, au contraire, qu'il pleut davantage dans un pays boisé, et que les orages qui traversent une vaste forêt paraissent s'y affaiblir notablement.

Je ne saurai admettre non plus, avec M. de Dombasle, qu'un terrain découvert sera toujours, après une pluie, plus détrempé qu'un terrain boisé d'une étendue égale. Pour justifier cette proposition, le savant se fonde sur ce que les feuilles d'un arbre présentent un plus grand développement de surface que le terrain qui est placé à côté de lui, et que l'humidité qui s'y attache est enlevée en grande partie par l'évaporation. Mais l'évaporation produira moins d'effet sur les parties inférieures de l'arbre protégées par le feuillage supérieur, et la quantité d'eau retenue dépendra de la dimension, de la forme et du degré d'inclinaison des feuilles. Il arrive, d'ailleurs, que l'eau s'écoule de l'arbre comme d'un toit, longtemps après la pluie ou l'orage, et que le terrain couvert, s'il est détrempé plus lentement, le sera toujours ainsi d'une manière plus favorable à l'infiltration. Enfin l'évaporation agit d'une manière plus constante et plus énergique sur une terrain découvert. Il est reconnu que les lieux abrités sont toujours plus humides, et que les neiges s'y maintiennent plus longtemps.

Il est également incontestable que les sources doi-

vent leur origine aux eaux pluviales qui pénètrent le
sol : elles tarissent après des sécheresses ; elles deviennent abondantes après de longues pluies. Les eaux
pluviales s'infiltrent très lentement : les mineurs pourraient attester que c'est seulement plusieurs jours et
même plusieurs semaines après de fortes pluies, que
ces infiltrations augmentent. On conçoit dès lors
comment les terrains couverts et abrités doivent fournir à ces infiltrations une quantité d'eau considérable,
tandis que les terrains découverts en perdent la plus
grande partie par l'évaporation.

Les forêts concourent donc à l'alimentation des
sources, en abritant le sol, en diminuant les effets de
l'évaporation, et en facilitant ainsi l'infiltration des
eaux pluviales.

Nous croyons que ces faits, confirmés par l'observation, ne peuvent être mis en doute.

M. de Dombasle pense que le nivellement graduel
du sol aurait seul produit la diminution des sources.
Mais ce nivellement, l'effet lent des siècles, ne saurait expliquer les perturbations qui se sont opérées
dans le régime des eaux dans des périodes assez
courtes. On ne peut les attribuer qu'aux défrichements
et aux déboisements qui ont eu lieu sur une grande
échelle.

L'existence des forêts, même dans le système de
M. de Dombasle, serait toujours utile sur les collines et sur les montagnes, puisqu'en conservant
le sol, elles lutteraient contre les effets de ce nivel-

lement, auquel il attribue la diminution des sources.

Elles exerceraient dans toutes les situations, d'après cet illustre agronome, une influence favorable, puisqu'il reconnaît que l'eau de pluie qui tombe sur les forêts, revient en plus grande proportion que partout ailleurs dans l'atmosphère sous forme de fluide aériforme. Elles concourraient ainsi, comme nous l'avons fait entrevoir, lorsqu'elles seraient convenablement réparties et groupées, à maintenir un état hygrométrique favorable à la végétation.

Les observations recueillies sur divers points du globe confirment les inductions générales que nous venons de développer. Partout où les forêts ont été abattues sur une grande échelle, les eaux superficielles ont diminué, les sources ont tari, la terre a perdu sa fertilité.

Sénèque avait déjà remarqué cette espèce d'harmonie qui existe entre les conditions hygrométriques de l'atmosphère, la fertilité du sol, et le volume des eaux qui surgissent ou qui coulent à la surface de la terre : « L'Éthiopie, dit-il, n'est qu'un désert aride, « et l'intérieur de l'Afrique n'offre qu'un petit « nombre de sources, parce que le ciel y est brûlant « et presque toujours sans nuages. On n'y voit donc « que de tristes plaines de sable ; *point d'arbres*, point « de culture, point de pluies, ou bien des pluies légères que le sol absorbe en un moment. Au contraire, la Germanie, la Gaule, et l'Italie, voisine de « ces deux contrées, sont riches en fleuves et en ri-

« vières, parce que le climat y est humide, et que
« l'été ne se passe jamais sans pluie. (*Quest. nat.*,
p. 195.)

« Lorsqu'on voit, dit Savary, les anciens décorer
« du nom de fleuves le Glaucus et le Xanthus, qui
« coulent dans l'Asie Mineure et ne sont plus au-
« jourd'hui que des ruisseaux, on est tenté de soup-
« çonner leur fidélité ; mais si l'on réfléchit que les
« monts où ces rivières prennent leur source, aujour-
« d'hui dépouillés d'arbres et de terre végétale, n'op-
« posent plus une barrière au cours des nuages ;
« qu'autrefois, couronnés de forêts, ils les fixaient
« autour de leurs cimes et s'emparaient de leur hu-
« midité ; on croira sans peine que le Glaucus et le
« Xanthus et tant d'autres, recevant anciennement
« des ruisseaux plus abondants, méritèrent le nom
« de fleuves. » (*Lettres sur la Grèce*, p. 230.)

On a remarqué que la fertilité de la Barbade et des
îles du cap Vert a diminué notablement depuis qu'on
a abattu les superbes forêts qui en couvraient le sol.
Dans les États-Unis, les grands déboisements auxquels
se livrent les populations industrieuses de l'ouest, offrent des preuves nouvelles à l'appui de nos observations générales. M. Warden nous apprend que la
destruction des bois a causé une diminution dans le
volume des eaux de petites rivières, et quelquefois,
surtout dans l'État de New-Yorck, les a entièrement
desséchées. M. de Humboldt a constaté les mêmes
effets attribuables à la même cause dans diverses par-

ties de l'Amérique. Nous avons déjà cité l'opinion de ce savant sur l'influence que l'absence de forêts, par suite de la sécheresse de l'air, exerce sur le climat local. « Dans la province de Caraccas, dit-il, le lac « pittoresque de Tacariqua se dessèche peu à peu, de- « puis que le soleil darde librement ses rayons sur le « sol défriché des vallées d'Aragua. »

Bernardin de Saint-Pierre avait signalé les effets du déboisement dans l'île de France : « C'est pour « avoir détruit une partie des arbres qui couronnent « les hauteurs de cette île, qu'on a fait tarir la plu- « part des ruisseaux qui l'arrosaient. Il n'en reste plus « aujourd'hui que le canal desséché. »

M. Héricart de Thury, dans un rapport à la So- ciété centrale d'Agriculture, cite le fait suivant : « Avant de tomber au pouvoir des Vénitiens, la Dal- « matie comptait deux millions d'habitants ; ses mon- « tagnes étaient couvertes d'antiques forêts, et les « vallées renommées pour leur fertilité. Les Vénitiens « ayant détruit les forêts pour les besoins de la ma- « rine, les montagnes n'offrent plus que des pics dé- « nudés ; le pays n'a plus que 200,000 habitants, et « il peut à peine les nourrir ; le déboisement des hau- « teurs a frappé de stérilité le sol des vallées *par le* « *tarissement des sources* et l'action des vents des- « séchants. »

De Saussure a reconnu que les *rocs pelés*, ne four- nissant point d'exhalaison, ne présentent point aux nuages une surface fraîche qui les retienne et qui pompe leur humidité ; ces montagnes n'alimentent ni des sources, ni des ruisseaux qui les fertilisent, et ne fournissent plus à l'air la matière des pluies et des rosées. (*Voyages dans les Alpes*, t. III, p. 293.)

Dralet a également signalé dans les Pyrénées les mêmes résultats : « Si l'on consulte, dit-il, la tradi-
« tion et les anciens titres, on verra que plusieurs
« rivières autrefois flottables, dans les vallées, ont
« cessé entièrement de l'être, ou ne le sont qu'après
« leur jonction à d'autres rivières dans les plaines.
« Ce malheur est arrivé dans les parties de la chaîne
« où les habitants ont exécuté d'immenses défriche-
« ments, tandis que les fleuves et les rivières ont
« conservé le volume de leurs eaux dans les vallées
« dont les forêts ont été respectées, et dont les mon-
« tagnes environnantes n'ont point été sillonnées par
« la charrue. Ainsi le flottage de la Tet est fréquem-
« ment interrompu depuis que l'emplacement des
« forêts du Capsir, du haut Conflans et du Roussillon
« ne présente plus que des rochers arides : les ri-
« vières de Massat, d'Erce et d'Uston, autrefois flot-
« tables, ne sont plus que des torrents, depuis que
« les montagnes au pied desquelles elles roulent leurs
« eaux ont été ouvertes à la culture. Le Salat, dans
« lequel se jettent ces trois rivières, n'est plus flot-
« table dans le département de l'Ariége, et l'on voit
« encore dans la commune de Saint-Girons, à un
« mur construit en 1430, des chaînes qui servaient à
« attacher les radeaux ; elles sont à un mètre d'élé-

« vation. Elles sont devenues inutiles depuis que la
« marine a cessé de trouver des ressources dans les
« environs de Seix et de Castillon. » (*Description des
Pyrénées*, p. 224 et 225.)

CHAPITRE VI.

Du déboisement des montagnes, et de l'action dévastatrice des torrents.

Les effets généralement attribués au déboisement
des montagnes sont les suivants : le dessèchement, la
pulvérisation et l'éboulement des terres, la dénuda-
tion et la décomposition du sous-sol par la double
action des eaux et des fluides atmosphériques, l'entraînement des roches ainsi décomposées et divisées,
la fonte plus subite des neiges, enfin le développement presque soudain des forces torrentielles, qui
envahissent le domaine de l'homme en le couvrant
de vastes débris.

Ces effets sont plus ou moins graves, plus ou moins
prompts, selon la constitution géognostique du sol, la
direction des vents pluvieux, et la hauteur et l'exposition des cimes.

Dans l'ordre météorologique, ces effets sont d'accroître le dessèchement, et de changer les conditions
hygrométriques nécessaires à la vie des végétaux.

Les deux plus grandes chaînes de la France, les Alpes et les Pyrénées, présentent, sans doute à des degrés différents, les traces de cette action dévastatrice des torrents, qui se manifeste dans les vallées par l'envahissement des cultures, et dans les plaines par ces inondations fréquentes contre lesquelles l'art épuise toutes ses ressources.

Dans les Alpes, des vallées naguère riches et florissantes forment le lit désolé des torrents. « En « apercevant pour la première fois, dit M. Dugiod, « ces vastes lits de cailloux, on se demande quelle « puissance inconnue a pu y amener tant de débris. « Mais lorsqu'on s'élève sur les hauts sommets, et « que l'œil, après avoir embrassé les monts les moins « élevés, pénètre jusqu'au fond des vallées, alors le « voile qui couvre la cause de tant de ravages se sou- « lève, et l'on reconnaît que l'homme est le princi- « pal auteur de la désolation qui règne autour de « lui. » (*Projet de reboisement des Basses-Alpes.*)

Le célèbre de Saussure a représenté les funestes effets du déboisement dans les montagnes de Caune. « Cette destruction, dit-il, est un grand mal pour le « pays, non-seulement à cause de la disette du com- « bustible, mais *à cause de celle des pâturages,* et « parce que, les eaux de pluie n'étant ni retenues ni « ralenties par aucuns végétaux, elles se rassemblent « avec une extrême promptitude, et donnent aux tor- « rents une violence destructrice et indomptable. » (*Voyages dans les Alpes,* t. III, p. 295).

Remarquons en passant ces expressions, *à cause de la disette des pâturages*. Et c'est précisément pour avoir *des pâturages*, que les pasteurs incendient et détruisent les bois. Triste aveuglement des hommes!

M. Blanqui, dans une notice qu'il a lue à l'Académie des sciences en 1843, *sur la Situation économique et forestière des Alpes*, décrit de la manière la plus pittoresque les mêmes désastres, qu'il attribue à la même cause : « Le sol, dit-il, dépouillé d'herbes et « d'arbres par l'abus du pacage et par le déboise- « ment, porphyrisé par un soleil brûlant, sans cohé- « sion, sans point d'appui, se précipite dans le fond « des vallées, tantôt sous forme de lave noire, jaune « ou rougeâtre, puis par courants de galets et même « de blocs énormes, qui bondissent avec un horrible « fracas et produisent dans leur course impétueuse « les plus étranges bouleversements. »

Puis il dépeint l'action de ces torrents, qui *poussent devant eux des masses de pierres chassées par le flot, comme des projectiles par le feu de la poudre*. « Ils affouillent, dit-il, les terres sur leur passage, « charrient au loin, pour atterrir plus loin encore « et transplanter les héritages brisés et broyés dans « la campagne. »

Pour achever un tableau si désolant, « la destruc- « tion, dit-il, est parvenue aujourd'hui à son com- « ble, et il faut se hâter d'y mettre un terme, si l'on « ne veut que le dernier habitant ne soit forcé de « quitter la place avec le dernier arbre. Quiconque a

« visité la vallée de Barcelonnette, celle d'Embrun,
« de Verdon, et cette Arabie Pétrée des Hautes-Alpes
« qu'on appelle le Devolny, sait qu'il n'y a pas de
« temps à perdre, ou bien, dans cinquante ans d'ici,
« la France sera séparée du Piémont comme l'Égypte
« de la Syrie : par un désert. »

L'intervention de la science n'a pas manqué dans
cette haute question des torrents des Alpes. Elle a eu
ses interprètes éclairés dans M. Surell, ingénieur des
ponts et chaussées, dans M. Gras, ingénieur des
mines, et dans M. de Gasparin, qui, dans son rapport à l'Académie sur le mémoire de ce dernier, a
complété les éléments du problème par les considération météorologiques qui s'y rattachent.

Nous ne pouvons entrer dans les détails de ces
grands travaux : nous nous bornerons à en déterminer les principaux résultats.

Comme M. de Gasparin l'a reconnu, les ravages
causés par les torrents, l'affouillement de leur lit, le
transport des matières qu'ils en arrachent, les dé-
bordements qu'ils occasionnent, sont toujours le produit de leur masse multipliée par leur vitesse, combinée avec la friabilité et le défaut de consistance du
lit sur lequel ils coulent.

De ces trois données du problème, les deux premières avaient été abordées par M. Surell; la troisième, la nature du sol, qu'il n'avait qu'effleurée, est
devenu l'objet principal du mémoire de M. Gras.
Mais l'un et l'autre avaient négligé le point de vue

météorologique. « De deux entonnoirs de monta-
« gnes, d'une même capacité, dit M. de Gasparin,
« ayant les mêmes pentes, et creusés dans le même
« terrain géologique, l'un, dont les parois sont op-
« posés à la direction des vents pluvieux, arrêtera les
« nuées, les obligera à se condenser, recevra des
« pluies diluviennes, et produira des crues dange-
« reuses par leur masse, leur soudaineté et leur fré-
« quence; l'autre, qui fera face à une direction op-
« posée, ne recevra que des pluies calmes, prolon-
« gées, réglées, et ne présentera jamais les mêmes
« crues et les mêmes dangers. Ce nouvel élément,
« l'orientation des cimes et des bassins de réception,
« devra donc être aussi l'objet d'une étude attentive
« de la part de ceux qui voudront étudier l'histoire
« naturelle des torrents. »

Les éléments du problème se trouvent donc au
nombre de quatre : la masse des eaux, leur vitesse, la
nature du sol, l'orientation des cimes et des bassins
de réception. Mais parmi ces éléments, quels sont ceux
qui peuvent être atténués ou détruits par le reboisement? Voilà, en ce qui nous intéresse, la véritable
question à examiner.

M. Surell met généralement toute sa confiance
dans le boisement du terrain, *qui arrête ou modère*
les affouillements, soit en retenant le sol par l'enche-
vêtrement des racines des arbres, soit en divisant ou
modérant la course des filets d'eau et prévenant leur
réunion.

Mais la nature du sol peut-elle faire obstacle au reboisement? Une considération puissante ne doit pas être négligée, quand on s'occupe des torrents des Alpes. Elle est signalée par M. Gras. « Les Alpes « françaises, dit-il, sont presque partout composées « de roches très dures, en masses puissantes, alter- « nant avec d'autres qui sont plus tendres. Ce mé- « lange d'assises dures et d'assises friables a été dé- « veloppé de mille manières et porté à de grandes « hauteurs par les soulèvements, de sorte que l'on « voit partout d'immenses escarpements reposant sur « des bases sans consistance. La destruction de celles- « ci a amené la chute des assises dures. Ce trait est « vraiment caractéristique de nos Alpes : dans aucune « contrée il n'est ni aussi saillant ni aussi général. »

De là deux classes de torrents, d'après M. Gras : *les torrents à bassins avec escarpement, les torrents à bassins sans escarpement*. Les premiers sont formés d'escarpements composés en partie de roches dures, dont les parois inaccessibles ont une inclinaison de 60 à 80 degrés et ne présentent aucune trace de végétation. Les seconds offrent une surface dont la pente assez douce augmente de plus en plus à mesure que l'on s'élève, et qui est presque toujours suscepti- ble d'être boisée. M. Gras ne pense pas que le boise- ment puisse être applicable dans les bassins avec es- carpement. Là, il propose la création artificielle d'un plan incliné de débris venant se rattacher à la base de l'escarpement.

M. Gras s'arrête à l'idée de protéger la base de l'escarpement par des amas de débris, parce qu'elle n'est pas défendue par la végétation. Il reconnaît et constate les effets du déboisement, lorsqu'il pose les deux propositions suivantes : « 1° Toutes les fois « qu'un torrent charrie une très grande quantité de « débris, ont est sûr, si l'on remonte à son origine, « de trouver qu'ils sont le produit de la dégradation « d'un grand rocher escarpé, dont la base tendre et « friable n'est plus protégée ni par des murs de dé- « bris, *ni par la végétation;* 2° et réciproquement, « toutes les fois que la base d'un grand escarpement « facilement destructible n'est pas recouverte, soit « par des débris, *soit par la végétation,* il s'y forme « des torrents à lits de déjection, dont les ravages « sont proportionnels à l'étendue du bassin de récep- « tion taillé dans les flancs de l'escarpement. »

Ainsi le déboisement, en livrant le sol à l'action des météores, concourt d'une manière manifeste aux ravages des torrents. Si la chose est encore possible, et elle le sera dans bien des cas, tâchons, par une sage imitation des lois naturelles, de réparer ce que notre fatale imprévoyance a laissé détruire [1].

_____

(1) M. Surell a reconnu que, là où le déboisement occasionne les plus terribles désastres, là aussi le reboisement est le plus facile. Les calcaires friables, les grès délitescents sont les terrains les plus propres à la végétation. Dans les rochers de granit et de gneis, les eaux sont moins destructives, mais les moyens de re- boisement sont aussi plus difficiles. Cependant ces rochers mêmes

Mais si les ravages des torrents des Alpes tiennent principalement à des circonstances météorologiques, que peuvent les effort de l'homme contre la puissance de la nature? La formation des torrents, en général, a deux causes : 1° la quantité d'eaux pluviales tombant sur une certaine zone montagneuse, ou la fonte subite des neiges occasionnée par des phénomènes météorologiques; et 2° l'affluence soudaine de toutes ces eaux sur un point donné. Si l'homme ne peut rien contre la première, il est manifeste que son action peut combattre les résultats de la seconde par le reboisement, ou par des moyens mécaniques qui tendent à modérer et à diviser le cours des eaux et à favoriser leur absorption par le sol. La reprise de la végétation, lorsqu'elle est possible, quoique plus lente dans ses effets, me paraît préférable à des moyens mécaniques, chanceux et souvent peu praticables, en raison de la dépense et de plusieurs autres difficultés, comme M. de Gasparin l'a reconnu en examinant ceux dont M. Gras proposait l'exécution. La commission instituée par l'ancien gouvernement avait aussi déclaré que le reboisement était la première

---

se couvrent parfois d'une puissante végétation. Le pin d'Alep vit, pour ainsi dire, sans terre. On le trouve dans le Var, sur les crêtes arides des collines granitiques, pourvu qu'il puisse insérer ses fortes racines dans les fentes des rochers; il brave ainsi des sécheresses de sept à huit mois.

C'est une étude à faire que le choix des végétaux dans leur rapport avec la nature du sol et son élévation.

mesure à adopter, parce que souvent il peut rendre inutiles les travaux de l'homme, ou en diminuer l'importance.

Ainsi la destruction de la végétation et des bois sur les cimes et sur les pentes des montagnes, est la première cause des ravages produits par les torrents. Le mal est à son comble lorsque cette cause concourt avec les circonstances météorologiques et avec la nature du sol, comme dans les Alpes.

Dans les Pyrénées, la marche des torrents ne paraît pas affecter le même degré d'irrégularité, de fréquence et d'intensité. Nous allons tâcher de déterminer les causes de cette différence, qui ne nous paraissent pas avoir été étudiées jusqu'à présent.

Elles tiennent, à notre avis : 1° à ce que les roches des Pyrénées se composent en général de matières moins friables et plus résistantes; 2° à ce que la chaîne, se dirigeant de l'ouest-nord-ouest à l'est-sud-est, par conséquent exposée au nord-est, reçoit à peu près transversalement l'action des vents pluvieux de l'ouest et du sud-ouest, tandis que les Cévennes, courant du nord-est au sud-ouest, présentent un obstacle direct au vent pluvieux du sud-est, et que les montagnes du Jura se trouvent opposées à celui du sud-ouest, qui est pour elles le vent pluvieux; 3° à ce que les vents pluvieux des Pyrénées paraissent avoir moins d'intensité que ceux des Alpes; 4° à ce que la chaîne s'abaisse insensiblement et suivant une ligne prolongée dans la direction du sud-sud-ouest au nord-nord-est : aussi le sol est moins exposé à l'action des eaux, les parties gazonnées se conservent plus intactes, et la végétation reprend avec facilité dans les Pyrénées françaises, qui, à l'exposition du nord et du nord-est, présentent, avec un plus grand développement de surface, des couches moins inclinées, et par conséquent des pentes générales plus douces [1]. Nous signalerons une particularité que nous lisons dans l'*Essai sur la minéralogie des monts Pyrénées* [2]. Dans la vallée d'Ossau, les forts se trouvent ordinairement sur les faces exposées au nord et au nord-est, tandis que les pentes méridionales sont nues et arides. Il en est autrement sur le versant espagnol. A Puyo, par exemple, les montagnes montrent au nord leurs flancs décharnés, tandis que le côté opposé est couvert de bois. On peut expliquer naturellement ces deux faits : pour la France, les tranchées des couches et les pentes les plus abruptes sont vers le sud-ouest ; pour l'Espagne, au contraire, elles sont dirigées vers le nord et nord-est ; c'est un effet de la constitution générale des Pyrénées.

C'est à ces diverses causes réunies, qu'on peut attribuer la marche moins irrégulière et moins dévastatrice des torrents qui prennent leur source dans les Pyrénées. Mais les effets du déboisement, quoique

(1) Les couches sont communément inclinées de 30 pour 100 d'après Palasson, et de 45 pour 100 environ d'après M. de Charpentier.

(2) P. 115.

moins manifestes que dans les Alpes, n'en ont pas moins été reconnus et appréciés par tous les observateurs qui ont parcouru ces montagnes. Palasson les avait déjà signalés dans son ouvrage sur la minéralogie des monts Pyrénées, qui parut avànt la révolution.

Si l'on doute du mal, et de ses causes presque immédiates, on n'a qu'à visiter dans l'Ariége les montagnes de Quérigut, d'Ax, de Mercus et de l'Hospitalet, et là où naguère on admirait de belles et florissantes forêts, on ne trouvera plus que des masses informes de granit et des rocs confusément entassés, image du chaos et de la désolation. L'industrie des fers, ressource principale de cette contrée, languit avec l'épuisement du combustible. Dans les Hautes-Pyrénées, Baréges, malgré des désastres récents [1], est toujours menacé, et de belles vallées sont exposées à des ravages imminents, depuis que les montagnes qui en protégent l'enceinte, perdent, avec la végétation et les forêts, les salutaires garanties dont la nature les avait pourvues.

Partout le danger est en rapport avec les progrès du déboisement : il suffit de considérer attentivement ces routes diverses ouvertes sur un sol mobile ou tracées péniblement entre un précipice et des ruines

---

(1) Dans une période d'environ quarante années, on a compté plus de cent maisons endommagées ou détruites, et quatorze personnes ont perdu la vie.

amoncelées sur la tête du voyageur, dont aucun obstacle ne peut plus arrêter le mouvement insensible
ou la chute soudaine ; ces villages bâtis au pied de
monts nus et escarpés, ou sur des pentes abruptes,
parfois dans la direction d'un ravin si fatalement
suivi par les eaux et par les avalanches ; enfin ces
vallons et ces bassins dont on admire les riches cultures et le gracieux paysage, tout en mesurant avec
effroi les hautes montagnes qui les dominent, et qui
montrent sur leurs flancs décharnés les ravages du
temps et des agents atmosphériques.

Généralement, le déboisement des montagnes prépare et produit les mêmes calamités. La végétation
ne trouvant plus dans la terre et dans l'air les éléments qui lui sont nécessaires, au lieu de couvrir le
sol d'un épais gazon, se montre isolée, rare, languis-
sante. Le sol lui-même, n'étant plus protégé, se décompose rapidement, s'écroule par pièces ou tombe en
poussière. La roche ainsi dénudée ne résiste plus à
l'action des météores : ses débris descendent par leur
propre pesanteur, ou bondissent avec fracas, poussés
par les flots qui les entraînent dans les bassins et dans
les vallées, et bientôt, comme les Alpes et d'autres
montagnes en offrent le douloureux spectacle, les
champs, les prés, les héritages mêmes, successivement
envahis par le torrent destructeur, ne présentent plus
qu'une plage désolée, l'empire de la solitude et de la
stérilité.

CHAPITRE VII.

Le reboisement est une question d'utilité publique.

Nous avons présenté avec une certaine étendue les faits météorologiques qui se rattachent à l'existence des forêts. Lorsqu'un phénomène dont les causes ne sont pas bien connues, comme les orages, nous a paru subir dans sa marche générale l'action de diverses circonstances locales, nous avons dû étudier toutes ces circonstances, afin de découvrir, s'il était possible, l'influence particulière que les forêts exerceraient sur le météore.

De notre examen, il résulte, ce nous semble, que les forêts ont une influence appréciable sur les phénomènes atmosphériques. Nous nous sommes attaché laborieusement à ce résultat, parce que c'est là le côté le plus grave et le plus décisif de la question forestière.

Cependant M. le directeur général et l'honorable rapporteur de la commission législative sur la loi du défrichement, n'attribuent aux forêts *une destination utile* que sur les collines et les montagnes, et, par un effet unique, celui de conserver le sol [1]. Ils n'auraient

(1) M. le ministre des finances, en 1845, s'exprimait autrement devant la Chambre des députés : « Pour mon compte, je dois dire

pas dû omettre une influence incontestable qu'elles
exercent, quelle que soit leur situation, par les abris
qu'elles offrent souvent aux fruits de la terre : c'est
là un résultat que nous avons constaté avec l'autorité
des faits et de la science; et comme les phénomènes
météorologiques s'enchaînent et réagissent nécessairement les uns sur les autres, il est manifeste que les
forêts, en neutralisant l'action des vents, modifient,
selon la nature de ces vents, la température des contrées abritées.

Sans doute, dans les montagnes, la question du reboisement présente un plus grand degré d'utilité,
parce que les faits sont plus manifestes, et qu'ils s'é-
tendent même au de là des régions montagneuses. On
le voit par ces inondations irrégulières et fréquentes
qui ravagent les plaines, et par les obstacles presque
insurmontables que la navigation rencontre par suite
de l'encombrement du lit des fleuves et des rivières [1].

« que lorsque les terrains sont en pente, et par là j'entends une
« déclivité qui pourrait faire craindre des éboulements, je crois
« que l'administration doit refuser les autorisations de défriche-
« ment. Dès qu'il y a une source dans le bois, et même dans les
« plaines voisines, le défrichement sera défendu. Je pense encore
« qu'en général il convient de ne pas toucher aux masses de bois
« d'une certaine étendue, même en plaine : ces masses retiennent
« les vapeurs et entretiennent, si je ne me trompe, une humidité
« utile dans le pays.» (Budget des forêts.)

(1) Les ingénieurs emploient inutilement tous leurs efforts pour
surmonter ces obstacles, qui se reproduisent toujours avec la même
persistance. Le Rhin, le Danube, la Tamise et la plupart des

Dans les plaines, les résultats moins sensibles, variables d'une localité à une autre, ne peuvent se produire d'une manière générale et définitive. Le déboisement, dans les premiers temps, et lorsque les forêts envahissent tout le sol, devient utile, en facilitant la circulation de l'air et en le purgeant d'un excès d'humidité. Sa marche, lorsqu'elle est lente et successive, ne permet pas, en l'absence d'observations précises, de suivre à travers les siècles les modifications qui s'opèrent insensiblement dans les conditions atmosphériques. Mais il est constaté par la science qu'un déboisement complet concourt à changer le climat local par la sécheresse de l'air, et par l'action des courants ascendants ou de certains vents qui, ne trouvant plus d'obstacle, s'avancent de plus en plus dans les terres. Ainsi un boisement excessif ou un déboisement complet sont deux circonstances qui coexistent avec un état météorologique différent : l'influence des forêts ne peut être contestée.

Le reboisement est donc une question d'utilité publique :

A son plus haut degré de gravité *dans les montagnes;*

fleuves de l'Europe en offrent la preuve. Si l'on remontait à la source de ces fleuves, si l'on étudiait la constitution de leurs bassins, on serait forcé de reconnaître que le déboisement des montagnes est la cause première de ces accidents, et que c'est à en détruire les effets par le reboisement qu'on doit surtout s'attacher.

Également réelle *dans les plaines*, suivant certaines limites, parce que là elle doit subir l'influence des lois économiques.

Ces dernières ne peuvent, d'ailleurs, demeurer étrangères aux circonstances qui, en modifiant le climat, influent sur l'état agricole d'un pays.

C'est cette liaison, c'est ce partage entre les besoins économiques et les circonstances climatologiques qui va devenir l'objet de nos études.

LIVRE II

CHAPITRE PREMIER.

Causes générales du déboisement.

Il serait facile de prouver, d'après le témoignage des historiens et des géographes, que l'Europe ancienne était couverte d'immenses forêts. Quant à la Germanie, nous citerons l'autorité de Tacite et celle de Pline[1]; quant à la Grande-Bretagne, celle de Méla[2], et celle de César dans ses *Commentaires*. Ce grand capitaine nous représente la Gaule comme presque entièrement envahie par les bois et par les marais.

D'après Strabon, le midi de la Gaule n'offrait qu'une suite non interrompue de forêts jusqu'en Espagne. Cette dernière contrée pourvoyait abondamment aux besoins de la marine romaine. Enfin une

(1) Tacite, *Germ.*, chap. 28 et 30; Pline, l. IV, chap. 12.
(2) Chap. 6.

vaste ceinture de bois, partant de l'Apennin, traver
sait l'Italie, et se prolongeait jusqu'à la mer.

La physionomie des Gaules changea avec la civilisation. La culture s'étendit au sein des bois abattus,
et sur un sol marécageux que l'art apprit à assainir.
On trouve en Provence, en Dauphiné, en Languedoc,
et généralement dans tout le midi, des dessèchements
faits au moyen de canaux souterrains. Ces travaux,
qui remontent à des époques inconnues, paraissent
avoir été dirigés dans le but de recueillir les eaux dans
des bassins, et de les employer ensuite à l'irrigation
des terrains inférieurs.

Mais la civilisation devait être comprimée sous la
main des barbares. La nature reprend ses droits : les
ronces, les plantes stériles, les bois usurpent l'empire
de l'homme. Plus tard Charlemagne et Louis le
Débonnaire encouragent les défrichements, et en
donnent l'exemple dans leurs domaines. Plus tard
encore les forêts, dévastées à la suite de tant de guerres
et d'invasions, deviennent la proie d'un incendie dé-
vorant qui, selon l'énergique expression de Mézeray,
faisait flamber le royaume. Pour arrêter les progrès
du mal, les ordonnances se succèdent, depuis celle de
Philippe le Bel en 1302, de Philippe le Long en 1318,
de Charles VI, de François Ier, jusqu'à celle dite de
réformation d'Henri IV, enfin jusqu'à la fameuse ordonnance de 1669. Les désordres étaient *si univer-
sels, si invétérés* que, selon le préambule de cette ordonnance, le remède paraissait presque impossible ;

ce qui faisait dire à Colbert *que la France périrait faute de bois.*

Cependant il existait à cette époque dans diverses parties de la France, et notamment dans les Pyrénées, des ressources forestières considérables : c'est ce qui résulte des procès-verbaux dressés par les commissaires de Louis XIV.

Après cet aperçu historique, que nous avons senti le besoin d'abréger, recherchons quelles sont les causes générales du déboisement.

Parmi ces causes, il en est de *permanentes*, parce qu'elles ont leur origine dans la nature des choses : dans la nature de l'homme.

Dans le principe, les bois n'ont aucune valeur, parce qu'ils couvrent la terre. Nous l'avons déjà dit, le déboisement est une conquête de l'homme sur la nature. Les populations prennent insensiblement possession de tout le sol ; les productions cultivées succèdent aux productions spontanées : les forêts sont détruites par nécessité d'abord, parce qu'elles sont un obstacle à l'établissement des sociétés humaines.

A mesure que les bois deviennent rares, ils acquièrent de la valeur ; mais cette valeur est encore inférieure à celle des cultures annuelles.

Enfin, lorsque cette valeur atteint un maximum en raison de l'extrême pénurie, il arrive, ou que le sol épuisé se refuse à la reproduction, ou que cette reproduction, surtout pour les futaies, est un sacrifice auquel l'intérêt particulier ne saurait se résoudre.

L'état des forêts se trouve donc toujours dans un certain rapport avec l'état économique des sociétés : l'*extrême abondance de bois*, avec la pauvreté des ressources alimentaires ; une *quotité moyenne de bois*, avec une grande richesse territoriale ; enfin la *disette de bois*, avec la diminution des produits agricoles, et plus tard avec la stérilité [1].

Les causes de cette disparition successive des bois, que quelques esprits considèrent comme irrémédiable, comme *fatale*, pour ainsi parler, doivent nécessairement se trouver dans le cœur de l'homme, dans ses intérêts, dans la nature spéciale de la propriété forestière, dans les institutions civiles, enfin dans les circonstances économiques.

L'homme, qui aime à jouir et à disposer librement de ce qu'il possède, préfère un produit annuel à un produit lointain, et une terre sur laquelle son activité puisse s'ouvrir à une terre condamnée en quelque sorte à l'immobilité.

La propriété forestière devra rester presque improductive pendant une génération : c'est un capital qui s'accumule incessamment, mais un capital stérile entre les mains du possesseur précaire qui doit le transmettre intact à ses descendants. Au milieu des mutations produites par tant de causes, surtout par

(1) Voir le chap. 3 du livre Ier.

les révolutions, qui déplacent ou transforment toutes les fortunes, peut-on espérer de trouver dans les successeurs à tant de titres de ce capital improductif le même sentiment de conservation, la même surveillance, les mêmes soins?

Les institutions civiles, en favorisant l'égalité des partages, ne permettent plus que de grandes propriétés demeurent dans les mêmes mains. Ces grandes propriétés sont morcelées entre les héritiers, ou vendues suivant diverses nécessités. Elles deviennent l'objet de défrichements successifs de la part des possesseurs, qui sont toujours séduits par ces deux considérations pressantes : la jouissance actuelle du capital représentatif de la valeur superficielle du sol; et un revenu annuel plus considérable, fondé sur ce même sol ouvert à la charrue. Aussi les grandes forêts disparaissent chaque jour ; elles seront rarement désormais l'apanage d'un particulier. Elles n'ont conservé leur étendue avec leurs produits séculaires que sous la main de l'État ou dans le domaine communal. Ici encore diverses causes favorisent leur dégradation, leur diminution, sinon leur disparition complète.

L'État, dont les bois présentent des ressources précieuses grâce à une meilleure administration, est enclin à les aliéner dans des circonstances urgentes.

Les bois communaux ont subi des dévastations d'autant plus graves que l'impunité a trouvé son

refuge dans les malheurs du temps ou dans l'impuissance des agents de l'administration. Une cause per-
manente tend à en accélérer la ruine : c'est le pâturage. Le pâturage est digne de toute notre sollicitude,
sans doute. Nous le respectons, en ne blâmant que
ses abus. Mais tel qu'il existe, avec les fautes de l'administration et le vice de nos lois, le pâturage est aujourd'hui un intérêt rival de l'intérêt forestier, et
tend incessamment à l'anéantissement de ce dernier.
Après avoir dévasté les arbres séculaires, on attaque
les essences inférieures ; celles-ci détruites, on ex-
ploite les arbustes, les arbrisseaux ; enfin, la destruction ne marchant pas au gré d'une fatale impatience,
on atteint par l'incendie ce qu'une jouissance abusive a laissé encore intact.

Telles sont les causes générales permanentes de la
destruction des forêts : déboisement marchant pa-
rallèlement aux progrès de la civilisation, et se ma-
nifestant dans les plaines par des défrichements successifs, dans les montagnes par les abus du pâturage ;
— nature spéciale de la propriété forestière, avec ses
conditions d'espace et de temps ; — morcellement et
mutations fréquentes des héritages, par suite des
institutions civiles ; — la reproduction, surtout en ce
qui concerne les futaies, peu compatible avec notre
nature impatiente de jouir et avec les calculs ordinaires de la spéculation.

Les causes secondaires, variables et accidentelles
tiennent : 1° *à la propriété forestière en elle-même*, qui

6

ne peut se vendre ni se diviser avec facilité, qui exige plus de frais de surveillance, dont les produits pèsent plus que ceux des terres arables, et qui, à superficie égale, donne moins de revenu que les céréales ; 2° *au régime exceptionnel auquel cette propriété se trouve assujettie, malgré ses désavantages naturels,* par l'impôt qu'elle supporte, qui généralement est plus élevé que celui des terres arables et qui dans certaines localités serait de 50 pour 100 au-dessus de ce dernier, et par des droits d'octroi exorbitants qui absorbent la moitié du prix des bois ; 3° *au peu de protection dont elle jouit* en présence des facilités accordées à l'importation des bois étrangers, et des priviléges dont jouit le combustible minéral ; 4° *à la concurrence redoutable de ce dernier,* qui fournit une quantité de calorique égale à celle que produit le sol forestier, et dont l'usage gagne chaque jour : ce progrès s'explique naturellement, quand on considère que la même somme de calorique est produite par 180 kilogrammes de combustible minéral, coûtant 1 fr. 64, et par un stère de bois ou 560 kilogrammes, coûtant 5 francs ; cette différence s'accroît par les frais de transport [1].

Si toutes ces causes permanentes et générales, variables et accidentelles, n'ont pas produit tous leurs effets destructeurs, on le doit, à notre avis, à ces trois

---

(1) Rapports de M. le directeur général et de M. Beugnot à l'Assemblée législative.

circonstances particulières : l'initiative et la vigilance de l'administration forestière, l'absence de voies de communication, et l'interdiction du défrichement.

CHAPITRE II.

De nos ressources forestières.

Il ne suffit pas qu'un pays possède des ressources forestières en rapport avec les besoins de la population. Quelques contrées pourraient souffrir au milieu de l'abondance qui existerait sur d'autres points, si ces ressources étaient trop inégalement réparties. Il n'en est pas des bois comme de ces denrées d'une circulation aisée et que le commerce est chargé de mettre à portée du consommateur. Le bois est une matière lourde, incommode, encombrante, dont le transport, difficile et coûteux, ne peut avoir lieu que dans certaines limites.

Parce que diverses parties de la France seraient satisfaites sous le rapport du combustible, parce que le chiffre total de ses ressources (je l'admets un instant) suffirait aux besoins généraux de la population, ce ne serait pas un motif pour fermer les yeux sur les souffrances auxquelles des contrées entières se trouveraient condamnées.

M. Blanqui, dans la notice que nous avons citée, dépeint avec énergie la situation critique des populations des Alpes par suite de la pénurie du bois : « Des phénomènes de détresse inouïe, dit-il, se ma- « nifestent sur presque tous les points de la zone mon- « tagneuse, et la solitude y acquiert un caractère de « désolation et de stérilité indéfinissable. La destruc- « tion successive des forêts a tari tout à la fois en « mille endroits les sources et le combustible, c'est- « à-dire, après la terre, l'eau et le feu. Entre Greno- « ble et Briançon, dans la vallée de la Romanche, il « existe plusieurs villages réduits à une telle pénurie « de bois, que les habitants sont obligés de faire « cuire leur pain à l'aide d'un combustible ammo- « niacal composé de fiente de vache desséchée au so- « leil. Si quelque chose manquait à l'énergie d'une « telle démonstration, j'ajouterais que le pain est cuit « pour un an, qu'on le coupe à coups de hache, et « que j'ai retrouvé en septembre une des fournées de « ce pain entamée en janvier. »

M. Blanqui ajoute : « Ce n'est pas seulement la « futaie qui a péri ; ce sont les broussailles, les buis, « les genêts, les bruyères, dont les habitants se ser- « vaient autrefois pour faire du combustible, de la « litière, et par conséquent des engrais. Le mal s'est « aggravé à un tel point que les propriétaires ont dû « réduire de moitié, et souvent des deux tiers, le « le nombre de leurs bestiaux, faute de l'élément in- « dispensable pour les entretenir. »

Dans les Pyrénées, la situation n'est ni aussi pres
sante ni aussi critique. Cependant, dans diverses localités, on arrive à cette période où, faute de bois, on
est réduit à brûler des buis, des genêts, des broussailles. L'industrie des fers, qui dépérit depuis quelque
temps dans l'Ariége, est également en souffrance
dans d'autres parties de la chaîne.

Ces faits, que nous pourrions multiplier, s'ils ne
sont pas le signe d'une détresse générale, prouveraient
toujours que la production forestière est très inégalement répartie. Maintenant, examinons quelles sont
nos ressources, et jusqu'à quel point, prises dans leur
ensemble, elles suffiraient aux besoins de la consommation.

D'après la statistique publiée par M. le ministre de
l'agriculture et du commerce, l'étendue territoriale
de la France est de 527,686 kilomètres carrés, ou de
52,768,600 hectares. Le directeur général des forêts,
dans un rapport qu'il adressa en 1846 au ministre
des finances, évalue la totalité du sol boisé à 8,625,128
hectares[1], appartenant, savoir : à l'État, 1,075,256 ;
à l'ancienne liste civile, 106,929 ; aux communes et
établissements publics, 1,823,833 ; aux particuliers,
5,619,110 hectares.

Le sol forestier représenterait donc le sixième de la

_____

(1) D'après le tableau n⁰ 2 joint au rapport de M. Beugnot à
l'Assemblée législative, la contenance du sol forestier serait de
8,785,341 hectares.

surface totale du territoire; et il suffirait peut-être aux besoins de la consommation actuelle, s'il était complétement productif. Mais le ministre de l'agriculture et du commerce reconnaissait dans la statistique que nous venons de citer, qu'il était presque impossible de fixer avec précision l'étendue des bois *sans un cadastre spécial.* En effet, les dévastations dont le sol forestier a été le théâtre ont produit des vides immenses; les parties boisées diminuent insensiblement, les parties dénudées ne se repeuplent pas; et encore renferme-t-il des montagnes qui n'offrent que des cimes et des pentes condamnées à une stérilité peut-être perpétuelle.

Comment, en l'absence d'un document positif sur l'étendue productive du sol forestier, déterminer exactement le revenu annuel? Aussi les chiffres divers présentés par les économistes les plus compétents n'offrent qu'incertitude et contradictions.

M. Legros-Saint-Ange commence par fixer le revenu annuel par hectare des forêts de l'État, d'après les recettes portées au budget. Ce revenu, tous frais déduits, serait de 22 fr. 50. Il n'est pas possible d'appliquer ce revenu à toutes les autres catégories de forêts dont la valeur et les produits sont inférieurs. Mais la commission du cadastre a évalué le revenu annuel de tous les bois à 14 fr. 25 par hectare. Prenant la moyenne de ces deux revenus ou 18 fr. 47, soit 18 francs, on aurait ainsi le revenu annuel moyen par hectare de tous les bois. Le revenu total,

sur une étendue de 8,625,128 hectares, serait donc
de 155,216,504 francs, qu'on subdiviserait ainsi dans
la consommation :

1/6 en bois de service . . . .   25,869,584 fr.

5/6 en bois de feu.   129,546,920

       Nombre égal. . . 155,216,504 fr.

Ce revenu ne s'élèverait d'après M. Séguret qu'à
150, d'après M. Noirot qu'à 120, et d'après d'autres
qu'à 110 millions [1].

Ce chiffre, contestable dans ses éléments, ne nous
paraît pas avoir une grande importance. Il doit naturellement varier suivant les circonstances, suivant la
loi des intérêts. L'essentiel serait de pouvoir connaître et préciser le produit annuel *en matière*, celui
qui peut entrer annuellement dans la consommation
sans nuire aux réserves de l'avenir.

Le directeur général évalue à 4 stères *en moyenne*
par hectare le produit annuel en matières. A ce
compte, on pourrait disposer annuellement de
54,492,512 stères de bois de toute espèce. Ce chiffre
s'élèverait à 40,589,557 stères, d'après une note que
M. Eugène Chevandier lut à l'Académie des sciences
dans sa séance du 5 avril 1847.

Nous ne pouvons contester ces chiffres. En l'absence d'un cadastre forestier, et après les dévastations que nos bois ont subies, il ne peuvent offrir
qu'une base très incertaine.

(1) L'administration forestière paraît s'arrêter au chiffre de
130 millions. (Rapport de M. Beugnot.)

Tâchons maintenant de déterminer le chiffre de la consommation annuelle.

Le revenu annuel, d'après le chiffre adopté par l'administration forestière, serait de 150,000,000fr.

Les importations, déduction faite des exportations, s'élèveraient à une moyenne annuelle de. 45,000,000

Valeur totale. . . . 175,000,000fr.

Cette valeur serait consommée dans les proportions suivantes :

Bois de service. — Une somme de 25 millions figure à cet égard dans le tableau des importations. On suppose que cette somme n'est que le tiers de celle qui représente la consommation totale, qui serait donc de. . . . . 75,000,000 fr.

Bois de feu et autres usages.. 98,000,000

Nombre égal. . . . . 175,000,000 fr.

D'après ce calcul, la différence entre le revenu et la consommation consisterait dans le chiffre des importations, déduction faite de celui des exportations.

Mais ce calcul, quoiqu'il repose sur les données de l'administration, est peu concluant, parce que le revenu, qui en est la base, n'est pas connu d'une manière exacte. D'un autre côté, le chiffre du revenu ne peut nous fixer, comme nous l'avons fait observer, sur les produits *en matière*, véritable expression de la *possibilité* : c'est là la question essentielle en économie forestière, si l'on ne veut pas s'exposer *à con-sommer son bien avec son revenu.*

Nous avons cherché à connaître ce chiffre de la production annuelle *en matière,* qui serait de 54 millions d'après le directeur général, ou de 40 millions d'après M. Chevandier. La quantité de combustible végétal consommé annuellement s'élèverait à 44,777,465 (cours de M. Payen). Le rapprochement de ces deux chiffres prouve l'insuffisance de la production sous le rapport du combustible seulement : le déficit serait de 4 ou de 10 millions de stères, suivant les évaluations du produit en matières, et, en outre, de tout le bois de service. On objectera que les besoins de la consommation ont dû être satisfaits au moyen des produits indigènes, qui dès lors seraient plus considérables, puisque le chiffre des importations ne peut combler le déficit. Nous répondrons que cela est probable, mais que les produits indigènes n'ont pu s'accroître qu'au préjudice du capital.

Cependant, malgré cet aperçu, et les effets que nous devons attribuer aux causes du déboisement que nous avons développées, M. le directeur général et M. Beugnot prétendent que la production forestière a plutôt augmenté que diminué depuis 1791. Voici comment ils s'efforcent de le prouver.

De la comparaison entre la contenance du sol forestier en 1791 et la contenance de ce même sol en 1850, il résulte une différence en moins pour ce dernier de 729,756 hectares. Mais cette différence serait plus que compensée par les plantations en massifs, les repeuplements de vides, une gestion plus intelligente, enfin par d'innombrables plantations isolées, bouquets, bordures, allées, etc., qui forment, outre les plantations de mûriers, une masse considérable de bois blanc qui fournit presque entièrement au chauffage, à la charpente et au charronnage.

Ce n'est pas *l'étendue* du sol forestier, c'est la *consistance* relative aux deux époques, qu'il s'agirait de connaître. L'étendue résulte d'un classement plus ou moins arbitraire. La consistance doit dépendre d'un examen détaillé de l'état matériel des forêts, qui seul peut mettre au jour les ressources réelles qu'elles présentent. Cela est tellement vrai que l'administration forestière, en calculant les produits en matières, a dû varier ses moyennes d'après les diverses catégories de forêts, c'est-à-dire suivant leur degré de prospérité ou de dépérissement, et que la différence de production entre les bois de l'État et ceux des particuliers par exemple s'élève à plus d'un tiers au préjudice de ces derniers.

Il est reconnu que dans les montagnes, la destruction suit sa marche progressive. M. Beugnot a rappelé que dans le seul département des Hautes-Alpes, le déboisement a atteint plus de 200 mille hectares. Dans les Pyrénées, les mêmes causes amènent les mêmes résultats. Le mal, combattu par les soins de l'administration forestière, fait des progrès réels, quoique plus lents. Pour en mesurer toute l'étendue, on n'a qu'à comparer la situation actuelle à ce qu'elle était lors des visites des commissaires de Louis XIV. A la place de tant de forêts florissantes qui ont fourni plus tard de grandes ressources à la marine, on ne trouve souvent que des surfaces dépouillées, où végètent tristement quelques arbres rares et isolés. M. Dralet, ancien conservateur à Toulouse, en calculant tous les désastres passés, prévoit même l'époque où la destruction cessera faute d'aliments. « Ainsi, « dit-il, dans l'espace de deux cent quarante années, « les forêts des Pyrénées ont perdu les deux tiers de « leur contenance : si elles continuaient à être livrées « à la même dévastation, dans cent vingt ans il n'en « existerait plus. » (*Description des Pyrénées.*)

Les forêts des particuliers situées en dehors des montagnes suivent également une progression décroissante. Une enquête sur leur consistance actuelle et sur celle qu'elles présentèrent en 1791 démontrerait cette vérité, qui ressort d'ailleurs d'une circonstance signalée par l'administration forestière : c'est que le chiffre des futaies dans les bois particuliers (on sait que les futaies représentent la plus grande valeur en matière, d'après les économistes les plus compétents) n'est plus aujourd'hui que les 12 millièmes et demi de leur contenance totale.

D'autres faits viennent à l'appui des considérations qui précèdent.

L'importation des bois étrangers s'est élevée de 20 millions, chiffre de 1827, à 45 millions en 1842, et à 52 millions en 1846. On conteste, il est vrai, l'influence de ce chiffre relativement *au bois de feu;* mais on ne la conteste pas en ce qui concerne *les bois de service.* D'un autre côté, l'importation de la houille fait chaque jour des progrès considérables. Elle n'était que de 8 millions en 1827 ; elle s'est élevée à 29 millions en 1846. La production indigène, qui n'était que de 26 millions en 1836, est arrivée à plus de 55 millions, sans compter la tourbe, qui entre dans la consommation pour une valeur de plus de 5 millions. Sans doute, cet emploi progressif du combustible minéral a pour principe l'économie ; mais dans divers usages, il ne s'explique que par la rareté ou la cherté du bois.

Le chêne était, pour ainsi dire, l'arbre national, celui auquel le climat et le sol de la France paraissaient le plus propices. Ce roi de nos antiques forêts a presque entièrement disparu dans diverses contrées où il prodiguait les ressources de sa puissante végétation.

Le prix du bois a subi une augmentation progressive : il se serait élevé du cinquième au quart, d'après les économistes forestiers. Suivant les calculs du ministre des finances (séance de l'Assemblée constituante du 4 décembre 1848), l'augmentation de 1854 à 1844 aurait été, *pour le bois de service,* d'un treizième; *pour le bois de feu,* d'un dixième; et pour les deux espèces de bois réunies, d'un neuvième. C'est là une moyenne générale. Mais si l'on n'a pas perdu de

vue les conséquences qui résultent de l'inégale répartition du sol forestier, on reconnaîtra que dans diverses contrées le prix du bois a subi une augmentation considérable, et que c'est là un fait digne de la
sollicitude du gouvernement.

Je n'entrerai pas dans l'examen des discussions
qui se sont élevées à l'occasion des approvisionne-
ments de la marine. On prétend qu'elle peut trouver
sur notre sol toutes les ressources qui lui sont nécessaires. Cependant le contraire est affirmé en ce qui
concerne *les mâts des vaisseaux*, par un homme très
compétent. « La France, dit M. Tupinier, ne produit
« pas les espèces de bois qui sont propres à faire des
« mâts de vaisseau, et il ne s'en trouve pas dans les
« forêts royales. La Russie et la Pologne étaient seules
« autrefois en possession de fournir des pins pour
« mâture à toutes les puissances maritimes de l'Eu -
« rope ; aussi les parties les plus accessibles des forêts
« de ces contrées sont-elles épuisées, et les mâts de
« hune de vaisseaux sont devenus excessivement rares
« sur les marchés de Riga. Il y a donc nécessité de
« chercher des ressources ailleurs. Le Canada en
« fournit d'assez bons, quoique inférieurs en qualité
« et en durée à ceux du Nord de l'Europe, et probable-
« ment il sera possible d'en trouver dans d'autres
« parties de l'Amérique. La Corse possède aussi un
« pin (le laricio) avec lequel on peut faire de bons
« mâts. Mais les forêts de la Corse sont difficiles à
« exploiter. Quoi qu'on en ait dit quelquefois, elles

« sont loin d'être inépuisables, et c'est une ressource
« précieuse à ménager pour des temps où il ne
« serait plus possible d'aller au loin s'approvi-
« sionner. » (*Considérations sur la marine et son
budget,* 1841.)

Les faits que nous venons de rapporter nous
paraissent démontrer clairement que nos ressources forestières, bien loin d'augmenter, diminuent chaque jour. Il est également incontestable
que la consommation augmente sans cesse, en raison de l'accroissement de la population, des progrès de l'industrie et des besoins variés de la civilisation.

M. le directeur général, tout en reconnaissant *que
l'insuffisance de la production porterait en entier sur
les bois nécessaires aux constructions civiles,* propose
les deux questions suivantes, dignes d'un examen
sérieux :

*Pourquoi la production ne s'est-elle pas maintenue
au niveau de la consommation ?*

*L'insuffisance de la production est-elle un mal ou
un bien ?*

La production ne se serait pas maintenue au niveau de la consommation, d'après M. le directeur général, parce que le revenu des bois ne s'est pas élevé
en France dans la même proportion que celui des
autres cultures.

Les diminutions en production, dit encore M. le
directeur général, sont dues principalement à l'im-

portation des bois étrangers, et à l'invasion des combustibles autres que le bois, tels que houilles, tourbes, lignites, anthracites.

L'insuffisance de la production ne porterait *que sur le bois de service*, et cependant les causes de cette insuffisance ne s'appliqueraient *qu'au bois de feu*. Or il existe une différence essentielle entre ces deux produits. Les variations de prix peuvent quelquefois influer sur la production du bois de feu, quoique la variabilité même de ce prix laisse toujours des doutes sur les chances d'une opération qui ne doit se réaliser qu'après un certain temps. Mais elle ne réagira pas sur la production du bois de service. A cet égard, M. le directeur général et M. Beugnot reconnaissent que l'intérêt privé est ici en opposition avec l'intérêt général, et qu'aucune loi, aucune puissance humaine ne porteront les particuliers à se livrer à la culture des futaies.

On ne peut, d'ailleurs, négliger une différence essentielle qui existe entre la *production* et le *produit*. Les produits peuvent être considérables, tandis que la production sera indifférente ou nulle. Ainsi l'exécution de vastes défrichements jettera, dans un moment donné, une grande masse de bois dans le commerce, et même arrêtera la marche de l'importation. La consommation sera satisfaite : mais la *production* diminuera, si l'exploitation dépasse les limites de la possibilité.

Ainsi, en matière forestière, le *revenu* n'est pas

toujours l'expression du capital, pas plus que le *produit* n'est le signe de la production.

L'insuffisance de la production ne tient donc pas uniquement à des circonstances variables, comme les alternatives de hausse et de baisse. Elle dépend de toutes les causes que nous avons développées dans le chapitre 1er de ce livre.

Cette insuffisance est-elle un mal ou un bien?

Cette question, dans laquelle se trouvent engagées les destinées de la culture forestière, partage les économistes.

Les uns, dominés par les considérations d'utilité publique qui se rattachent à l'existence des forêts, s'opposent jusqu'à un certain point au défrichement des bois de plaines, et réclament de promptes mesures qui protégent la production et en favorisent l'extension. Quoique le combustible minéral tende à remplacer entièrement le combustible végétal, l'usage du bois ne cesse pas de s'étendre, en raison des besoins variés de la civilisation. Ces mines de houille qui paraissent si puissantes et qui inspirent la plus profonde sécurité, sont loin d'être inépuisables : on prévoit même l'époque, qui ne serait pas très éloignée, où cette grande ressource viendra à manquer, et où l'on aura à déplorer l'indifférence fatale avec laquelle on voit les forêts disparaître de notre sol. D'après M. Adolphe Brongniart, peu de terrains houillers pourront suffire à la consommation pendant plus d'un siècle, et la durée maximum des couches les plus puissantes ne peut être évaluée à plus de deux ou trois siècles. « Nous voyons ainsi, dit ce « savant, se rapprocher le terme fatal où ces dépôts « immenses, légués au temps présent par les pre- « mières périodes de la vie végétative à la surface du « globe, et qu'on regardait encore, il y a vingt ans, « comme inépuisables, seront ou complétement ex- « ploités, où du moins soustraits à nos recherches, « par suite de l'exploitation inconsidérée qu'on en « aura faite, ou des difficultés inhérentes aux der- « niers temps de ces exploitations. Il faudra revenir « alors à nos forêts, retrouver dans la végétation ac- « tuelle, qui se renouvelle sans cesse, le combustible « que nous avions demandé pendant deux ou trois « siècles à la végétation morte et ensevelie des pre- « miers temps de notre globe. L'équilibre entre la « richesse et la puissance industrielles des divers « peuples de l'Europe, rompu par l'inégale répar- « tition de ces immenses dépôts de combustibles, « pourra alors être rétablie; les conditions de pro- « duction deviendront les mêmes, ou plutôt elles « seront à l'avantage de la nation prévoyante qui « aura préparé d'avance les moyens de remplacer ces « combustibles mêmes. » (*Bulletin de la société d'en-* *couragement,* du 4 décembre 1846, p. 100.)

Les autres ne partagent ni ces alarmes ni ces tris- tes pressentiments. Ils se fondent sur les principes généraux de l'économie politique, et ne pensent pas qu'entre tous les produits du sol, les bois sont régis

7

par des lois spéciales, et qu'à leur sujet, il n'est pas
permis d'affirmer qu'une nation sait toujours produire ou se procurer ce qui lui est nécessaire. (Rapport de M. Beugnot.)

L'insuffisance de la production est un mal en tant
qu'elle a pour cause le déboisement des montagnes,
où les forêts exercent une influence salutaire ; elle
est un bien, si elle a pour cause le défrichement des
bois de plaines, qui contribue à l'accroissement de la
population en augmentant les moyens de travail et de
subsistance. Le déboisement des plaines concourt à
élever le prix du bois, et par là il porte le propriétaire à planter les montagnes. La France ne man-
quera pas de bois ; car elle les tire de presque tous les
États continentaux, et par conséquent le danger
d'une disette ne pourrait résulter pour elle que
d'une guerre générale. Si l'on se laissait guider par
cette crainte chimérique, il faudrait renoncer à toutes relations commerciales avec l'étranger ; la France
devrait tirer de son propre sol non-seulement ses
bois, mais ses graines oléagineuses, ses blés, ses laines. (Rapport de M. le directeur général.)

L'industrie saurait, d'ailleurs, obvier à tous les
inconvénients. Elle est déjà parvenue à obtenir diverses améliorations, telles que la construction de
foyers économiques, l'emploi de l'air chaud et des
gaz combustibles, le remplacement du bois par le
fer dans les constructions civiles et navales. Enfin
on ne partage pas les inquiétudes de quelques sa-

vants sur l'épuisement éventuel du combustible minéral. « La terre, dit-on, ne passe pas tout à coup de
« l'abondance à la disette, et les générations futures,
« averties par l'appauvrissement graduel des mines,
« sauront demander à la surface du sol ce que ses
« profondeurs ne nous accordent pas, » (Rapport de
M. Beugnot.)

Cette dernière opinion, par l'application trop absolue de son principe, et faute de distinctions essentielles, finit par nous réduire à une entière impuissance. Elle confond des choses diverses, soumises à
des lois différentes. Vainement voudrait-elle assi-
miler un produit annuel à un produit séculaire, et
une terre livrée à l'activité humaine à une terre abandonnée à sa fertilité naturelle : les causes impulsives
de la production dans les deux cas ne peuvent être les
mêmes. Elle arrive ainsi à cette conclusion, qu'elle
s'efforcerait vainement de dissimuler : c'est que la
culture forestière est perdue sans retour. En effet,
d'une part elle doit dans la plaine céder la place à
d'autres cultures plus utiles ; de l'autre elle rencontre dans la montagne un obstacle insurmontable,
l'intérêt pastoral. « Les représentants de cet intérêt,
« dit M. Beugnot, sauraient anéantir toute tentative
« de reboisement qui n'aurait d'autre résultat que
« de rendre le sol moins productif et de diminuer
« leurs moyens d'existence. » Or, si la culture forestière est perdue en France, ses destinées ne peuvent
être différentes dans les autres États continentaux,

soumis aux mêmes besoins et aux mêmes lois économiques.

Mais il est un point de vue plus élevé, qui doit do-
miner la question. M. le directeur général et M. Beugnot reconnaissent que les bois situés sur les collines
et les montagnes remplissent une destination utile.
Une influence salutaire appartient encore, sous divers
rapports, aux bois situés en dehors des montagnes,
comme nous croyons l'avoir démontré. C'est là le caractère essentiel de la question forestière : l'utilité publique. La France, d'ailleurs, avec son étendue territoriale, ses diverses expositions, la constitution variée
de son sol, sa forme accidentée et la masse de ses terrains improductifs, se prête à différentes cultures
parmi lesquelles la production forestière trouvera sa
place naturelle. Ainsi, en premier lieu, question d'u-
tilité publique que nous avons déjà envisagée dans
tous ses rapports; en second lieu, question d'appropriation économique des produits naturels aux diverses parties d'un vaste territoire. Cette dernière va
devenir l'objet de notre examen.

CHAPITRE III.

De la répartition du sol forestier, et de la liberté du défrichement.

Un agronome distingué, M. Lullin de Château-
vieux, disait il y a quelques années : « La répartition
« des cultures sur le sol présente deux anomalies :
« l'une qui consiste en ce que beaucoup de terrains
« qui par leur situation et leur nature n'étaient
« propres qu'à la production des bois, ont été défri-
« chés; l'autre, en ce que beaucoup de ceux qui sont
« restés en nature de bois se trouvaient précisément
« dans des sols parfaitement propres à d'autres cul-
« tures plus précieuses, et en même temps placés de
« manière que leurs produits ont eu à soutenir con-
« tre la houille une concurrence tout à fait inégale. »
Comment parvenir à cette répartition nécessaire?
Par deux moyens qui doivent concourir : le défrichement des bois de plaines lorsque l'utilité publique ne
s'y oppose pas, et le reboisement des terrains qui
doivent faire partie du sol forestier.

Si d'une part la production forestière, abandon-
nant des terres propres à d'autres cultures plus précieuses, diminue d'étendue, de l'autre elle retrouve

une place aussi vaste, et plus appropriée à sa destination.

La question de la liberté du défrichement occupe
depuis bien des années l'attention des économistes et
des gouvernements. Remarquons d'abord que dans
tous les systèmes, les bois situés dans les montagnes
et sur les terrains inclinés forment une catégorie distincte et demeurent frappés d'interdiction. Il ne
s'agit donc que des bois de plaines. Ici, trois opinions
sont en présence : 1° la *liberté absolue* en principe,
sans aucune restriction ; 2° l'*interdiction absolue* en
principe, avec la faculté de l'autorisation dans quelques cas rares ; 5° enfin, une *liberté réglementée,*
progressive suivant certaines conditions de temps et
de lieu.

L'interdiction absolue nous paraît inadmissible,
parce qu'elle serait en opposition avec l'esprit de nos
institutions, et qu'elle nous éloignerait du but que
nous cherchions à atteindre, une meilleure répartition des cultures.

Les partisans de la liberté absolue du défrichement, appliquant toujours d'une manière absolue les
principes de l'économie politique, s'opposent à ce
que la loi intervienne pour réglementer la production et l'asservir à telle ou telle culture spéciale,
sous prétexte de la diriger. Les restrictions, disent-
ils, ont toujours manqué leur but. Avec la liberté,
la production se modifie ou se diversifie selon la loi
suprême des intérêts. Si, par le défrichement, les bois

deviennent plus rares, l'intérêt excite la production, et un bois défriché doit être le plus grand stimulant pour des plantations nouvelles. Nous avons déjà re- marqué que ces principes ne sont pas en général ap- plicables à la production forestière, qui n'a de valeur que par le temps, dont nous ne sommes pas les maî- tres, et qui, une fois consommée, ne se renouvelle guère. Cela est tellement vrai que les partisans de la liberté absolue sont obligés de reconnaître « que le « temps des futaies est passé, qu'il survit à peine le cin- « quantième de l'étendue des forêts des particuliers « en massifs de futaies, et que les calculs sur l'intérêt « composé que représente un arbre de haute futaie, « et l'idée mal fondée que les futaies nuisent aux « taillis, ont entraîné la destruction d'un grand nom- « bre d'arbres nécessaires aux constructions nava- « les [1]. » Comment, après cela, peut-on dire qu'un bois défriché est le plus grand stimulant pour des plantations nouvelles?

Avec une liberté *réglementée*, on sauve la question d'utilité publique, qui est entièrement omise dans le système précédent. Si l'existence d'un bois est jugée nécessaire, l'administration, tout en en interdisant le défrichement, doit pouvoir intervenir, non-seule- ment pour en assurer la conservation, mais même pour en diriger l'entretien suivant le but qu'on se propose. Il ne faut pas que, par une mesure impru-

[1] Rapport de M. Beugnot.

dente, on s'expose à de grandes dépenses et à des difficultés autrement sérieuses si, après le défrichement, on était obligé de reprendre des terrains en pleine culture.

Le défrichement ne peut donc être autorisé qu'après une appréciation exacte de la question d'utilité publique.

Avec la liberté réglementée, on peut favoriser insensiblement l'appropriation des diverses cultures, suivant les convenances locales, la nature du sol et les lois qui régissent la valeur des produits.

Enfin la mesure du défrichement doit coexister avec un système de reboisement immédiat et successif.

C'est en obéissant à ces diverses conditions, qu'on peut satisfaire à des exigences légitimes sans porter atteinte à l'utilité publique ni aux besoins de la société, que les pertes se trouvent compensées, et qu'on arrive ainsi, en respectant la marche du temps et les lois naturelles, à une répartition des cultures en rapport avec les intérêts économiques.

CHAPITRE IV.

Du reboisement. — Jusqu'à quel point et dans quelles limites doit-il être poursuivi ?

Par ce mot *reboisement*, nous entendons à la fois les plantations et les semis qui doivent remplir les vides de notre sol forestier actuel, et ceux que l'intérêt public rend nécessaires sur des terrains aujourd'hui dénudés et non soumis au régime forestier.

Aux yeux mêmes de l'économiste, le reboisement doit être une question d'utilité publique. Les forêts exercent sur les phénomènes atmosphériques une influence qui réagit sur le climat, et par conséquent sur l'agriculture du pays. Leurs produits variés doivent satisfaire à des besoins de première nécessité, aux progrès toujours croissants de l'industrie, et au luxe même de la civilisation. Enfin elles donnent une nouvelle valeur à des terrains improductifs, ou qui ne peuvent sans perte ou sans inconvénient être livrés à d'autres cultures.

Recherchons quels sont ces terrains, et jusqu'à quel point les forêts doivent en prendre possession dans un but d'utilité publique et dans l'intérêt de la consommation.

1° *Chaînes de montagnes.*

M. Beugnot, considérant les forêts sous le rapport de leur situation topographique et de leur valeur relative, les divise en trois classes : 1° les forêts situées sur les montagnes et sur les pentes ; 2° les forêts situées au-dessous de ces pentes, mais dominant les vallées ou les plaines inférieures ; 5° les forêts des vallées ou plaines qui ne dominent pas les sources des fontaines et sont situées à peu près au milieu des vallées.

Cette division, qui peut avoir son utilité sous le rapport de la valeur relative des forêts, n'a plus le même intérêt lorsqu'il s'agit d'un système de reboisement. Une chose nous frappe : c'est que M. Beugnot n'attribue qu'aux forêts de la première catégorie une influence salutaire sur l'alimentation des sources, tandis que les mêmes motifs devraient attribuer la même influence aux forêts de la seconde catégorie, qui, situées sur des plateaux élevés, dominent les vallées et les plaines inférieures. Dès lors le défrichement de ces dernières aurait dû être soumis à quelques restrictions.

Nous ne saurions confondre non plus les *chaînes de montagnes* avec les terrains inclinés situés en dehors des montagnes. C'est dans leur sein que prennent naissance ces fleuves et ces rivières qui arrosent les plaines inférieures, et dont les ravages indomptables réveillent de vives sollicitudes : c'est en embrassant toute l'étendue de leurs bassins qu'on peut apprécier la grandeur du mal, en rechercher les causes et en combattre les effets. Les grandes chaînes de montagnes formeront, dans tous les systèmes de reboisement, une catégorie distincte : chacune sera soumise à des études spéciales, parce que les circonstances météorologiques ne sont pas les mêmes partout, et que les ravages des torrents sont plus ou moins graves selon la nature du sol et la déclivité générale du terrain.

On objecte qu'il est difficile d'établir où la montagne finit et où la plaine commence. C'est là une question d'exécution qu'il est impossible de préciser ; mais M. Beugnot répond justement que, dans la pratique, la raison et la bonne foi surmonteront sans peine ces difficultés.

2° *Des bois situés sur des pentes, et des terrains en pente en dehors des montagnes.*

On avait proposé de prescrire un degré de pente invariable au delà duquel le défrichement serait complétement interdit : ce degré de pente était fixé tantôt à 10, tantôt à 20, tantôt enfin à 55 centimètres par mètre. Mais ce chiffre ainsi posé, arbitraire et absolu de sa nature, en se refusant à des exceptions obligées, négligerait des considérations du plus grand intérêt. La nature du terrain, sa position, sa hauteur, son

exposition, sa proximité des habitations ou son isole-
ment, en un mot les circonstances physiques ou économiques, pourront en rendre le défrichement dangereux ou indifférent, et le boisement nécessaire ou
sans objet. Ainsi les règles d'utilité publique seront
principalement suivies, et le degré de déclivité, souvent appréciable, ne sera pas la seule considération
décisive.

Les bois situés sur des pentes resteront sous l'empire de l'interdiction du défrichement.

Quelle est, dans le sol forestier actuel, l'étendue
de ces bois et de ceux qui sont situés sur les montagnes? Ils ne forment dans le tableau n° 2 joint au
rapport de M. le directeur général, qu'une seule
classe, avec cette distinction de forêts situées sur des
pentes n'ayant pas plus de 20 centimètres par mètre,
et de forêts situées sur des pentes ayant plus de 20
centimètres par mètre. Elles présentent une superficie
totale de 5,540,557 hectares, dont 5,405,816 hectares appartiennent à des particuliers; le restant, ou
2,154,742 hectares, est la propriété de l'État, des
communes et des établissements publics.

Les documents de l'administration nous mettent
également en mesure de connaître l'étendue des terrains dénudés dans les montagnes, susceptibles d'être
reboisés. L'administration avait demandé en 1845 *le
nom de toutes les montagnes ou parties de montagnes
dénudées, leur situation, leur étendue, leur élévation
au-dessus du niveau de la mer, leur degré de décli-*

vité, la nature de leur sol et leur mode de culture.

Des renseignements recueillis, il résulte que la contenance totale des terrains dénudés est de 2,594,846
hectares, qui appartiennent, savoir : à l'État, 145,434;
aux communes, 1,570,285; aux particuliers, 879,000
hectares. Sur cette contenance, 1,529,049 hectares
ne peuvent être reboisés, pour deux motifs : 1° parce
que les terrains sont réduits à une roche nue qui ne
permet plus la reprise de la végétation ; 2° parce que
les terrains, au contraire, sont en pleine culture, et
que l'expérience prouve qu'ils peuvent être conservés
sans inconvénient dans cet état. (Discours du ministre
des finances sur le budget des forêts pour 1845.)

Ainsi la contenance réduite des terrains à reboiser
dans les montagnes serait donc de 1,265,767 hectares.
Ce chiffre est-il exact ? Voici les motifs qui semblent
justifier notre doute. M. Dugied, ancien préfet des
Basses-Alpes, évalue à 450,000 hectares l'étendue
des terrains à reboiser dans ce département. M. Surell, dans son travail si remarquable sur les torrents,
calcule que le reboisement dans le département des
Hautes-Alpes doit s'étendre sur 200,000 hectares.
Ainsi, dans deux départements seulement, le chiffre
des terrains à reboiser serait de 650,000 hectares,
c'est-à-dire la moitié à peu près du chiffre indiqué
par le ministre pour le reboisement complet de toutes
les montagnes de la France. Du reste, l'administration aurait pu comprendre parmi les terrains auxquels le reboisement ne serait pas applicable, des ter-

rains qui, malgré leur stérilité apparente, sont susceptibles, avec quelques précautions, de se couvrir de divers végétaux, selon la nature du sol.

3º *Terres vaines et vagues.*

D'après la statistique générale, la surface de la France, qui est de 52,762,648 hectares, présente une étendue improductive de 7,799,672 hectares de landes, pâtis ou bruyères.

C'est dans cette masse de terrains que l'on doit trouver de nouvelles ressources forestières, qui compenseront les vides occasionnés par le défrichement des bois de plaines.

M. Eugène Chevandier déduit du chiffre général de ces terrains une quantité de 2,799,672 hectares, qui représenterait les terres tout à fait impropres à toute espèce de culture, et les pâtis qu'il convient de laisser aux communes, ce qui donnerait pour chacune d'elles en moyenne une étendue de 75 hect. 19 ; il resterait encore 5 millions d'hectares d'un produit à peu près nul, qui pourraient être convertis successivement en forêts.

Pour apprécier les ressources que peut nous offrir cette masse improductive de plus de 7 millions d'hectares, nous devons la décomposer en ses éléments principaux.

On y trouve : *en marais,* 600,000 hectares environ ; *en terrains dénudés dans les montagnes,* 2,500,000 ;

enfin, en terres de diverses natures, 4,000,000 d'hectares environ, parmi lesquels les landes, dunes et falaises comptent pour plus d'un tiers.

Nous distinguons d'abord dans ce chiffre de 4,000,000 les terres communales, qui sont les plus considérables, et les terres appartenant à des particuliers.

Les premières peuvent généralement être appropriées à la culture forestière, avec les ménagements que comportent les usages locaux : ce sera une nouvelle richesse acquise aux communes sur des fonds presque sans valeur, et en partie abandonnés. La culture forestière dirigée dans l'intérêt des habitants doit être considérée, dans les cas les plus généraux, comme l'appropriation la plus naturelle et la plus productive des biens communaux.

On ne peut, sauf les cas d'utilité publique, assujettir les particuliers à couvrir de bois les terres vaines et vagues qui leur appartiennent : ici, il s'agit de stimuler l'intérêt privé par divers encouragements.

Mais ces terres, soit communales, soit particulières, se divisent en terrains inclinés et en terrains de plaines.

On apprécie généralement la nécessité d'empêcher le défrichement des terrains inclinés. Cette mesure ne peut être appliquée à des terrains en pleine culture. Le même inconvénient n'existe pas pour des terres presque sans valeur : pourquoi n'en interdirait-on pas le défrichement par de sages précautions ?

Enfin, au milieu de ces terres improductives, l'utilité publique déterminera les plantations qui ont pour objet la consolidation du sol, la conservation des eaux, une influence climatologique, des abris ou des garanties pour les cultures et les habitations.

Nous n'avons pas besoin de justifier la nécessité de plantations étendues sur les côtes et dans les dunes.

Ces dernières, dont le génie de Brémoutier arrêta la marche envahissante, occupent encore, entre les embouchures de l'Adour et de la Gironde, une surface de 75 lieues. On a calculé qu'elles avancent de 24 mètres par an, et que, si l'on ne mettait obstacle à leur marche, elles couvriraient dans vingt siècles le riche territoire de Bordeaux.

D'un autre côté, la conférence agricole de la Chambre des députés demandait, le 14 mai 1841, « si l'on « ne pouvait pas, au moyen de plantations sur notre « littoral maritime, le garantir de fréquents coups de « mer qui l'envahissent et le dévastent, l'assainir sur « plusieurs points, et se procurer ainsi des ressour- « ces immenses, pour la combustion prochainement, « et dans l'avenir pour la marine. »

On voit comment nous reconstituons notre sol forestier, sans nuire à aucune culture essentielle, en utilisant des terrains improductifs, et en ne suivant d'autre guide que l'utilité publique. Nous dirons avec un économiste distingué, M. Michel Chevalier : « Il « ne s'agit pas de rendre le sol de la France aux fo-

« rêts primitives. Parmi les déboisements effectués
« depuis cinquante ans, il y en a beaucoup qui sont
« profitables au pays. Le déboisement est une con-
« quête de l'homme sur la nature. Les bois doivent
« disparaître des plaines, et y céder la place à la cul-
« ture[1]. Avec un million consacré tous les ans à se-
« mer ou à planter les emplacements qui paraissent
« devoir être toujours rebelles à la culture, l'État se
« créerait en vingt ou trente ans un immense capital
« réparti sur les vastes croupes des Pyrénées, des Cé-
« vennes, des Alpes et des Vosges, ainsi que sur le
« littoral des Landes, où l'on n'applique aujourd'hui
« que sur une échelle lilliputienne les procédés in-
« génieux et économiques du savant Bremoutier. En
« temps de paix, ce serait un inépuisable approvision-
« nement pour vingt branches d'industrie, et notam-
« ment pour celle des fers, qui ne travaillera à
« bon marché en France que lorsque le bois y sera
« plus abondant. » (*Des intérêts matériels de la
France.*)

Après avoir indiqué les terrains qui doivent com-
poser le sol forestier, et en supposant que le reboisement, pratiqué avec intelligence et poursuivi avec
énergie, soit couronné d'un entier succès, aurons-nous
obtenu des ressources suffisantes pour les besoins du
pays? En d'autres termes, à quel chiffre peut s'élever
dans l'avenir l'étendue de notre sol forestier, et quels

(1) Sauf les exceptions justifiées par l'utilité publique.

8

en seront les produits comparativement aux besoins de la consommation?

Le sol forestier actuel est d'une contenance de. . . . . 8,785,541 h.

L'étendue des bois de plaines appartenant à des particuliers est de 2,301,776 hectares, dont la moitié environ disparaîtra du sol forestier par dés défrichements successifs. . . 1,150,888

Reste. . . . 7,634,455 h.

Les terrains dénudés dans les montagnes, les terres vaines et vagues, les côtes, dunes, etc., présentent, comme susceptible de reboisement, une quantité de . . . . : . . . 4,000,000

Total. . . . 11,634,455 h.

Ce chiffre arrivera à plus de 12 millions avec les plantations particulières.

Supposons que, grâce à une culture intelligente, ce sol forestier soit porté à ce degré de prospérité auquel il est parvenu dans les pays où la sylviculture a fait le plus de progrès : et pourquoi avec la richesse de notre terroir, et avec ce nombre d'hommes éclairés que nous possédons, ne pourrions-nous pas attendre les meilleures chances? Dans le pays de Baden, par exemple. la production annuelle moyenne pour les bois de 50 à 140 ans est de 11 stères 1|2 par hectare. A ce compte, notre sol forestier, composé d'environ 12 millions d'hectares, représenterait une production annuelle d'environ 140 millions de stères. En réduisant même la moyenne à 9 stères, nous aurons toujours une production de plus de 100 millions de stères, qui suffiraient aux nécessités du présent, et à tous les besoins éventuels, dans le cas même où les mines de houille viendraient à s'épuiser.

La consommation annuelle du *combustible végétal* est de 44,777,465 stères. Celle du *combustible minéral* s'élèverait, d'après les calculs de l'administration des mines, à un équivalent de 53,333,333 stères de bois. La tourbe entre dans la consommation pour 1,401,000, qui, suivant Péclet, représenteraient une somme égale en stères de bois. Total pour le combustible minéral, 54,734,333 stères de bois. Total pour les deux combustibles, 79,511,798 stères de bois.

Mettons ce chiffre en présence de celui de la production, et nous reconnaîtrons que tous les besoins peuvent être satisfaits.

Ces produits extraordinaires, ces réserves puissantes, qu'une sage prévoyance aurait créés sur des fonds presque sans valeur, ne seraient pas une richesse oisive ou stérile. En temps de paix, ils entretiennent une foule d'industries, ils en favorisent le développement ; en temps de guerre, ils offrent des ressources présentes que le génie d'une nation peut mettre en œuvre dans l'intérêt de sa gloire ou de sa sûreté.

Mais dans quel sens la production forestière doit-elle être dirigée ou encouragée ?

CHAPITRE V.

De la culture forestière, et de ses rapports avec la destination des produits, la nature de la propriété et l'intérêt du propriétaire.

L'intérêt du propriétaire a toujours influé sur le genre de produits qu'il demande à la terre. La nature de la propriété est un élément également appréciable dans la question qui nous occupe. L'intérêt porte généralement le propriétaire à rechercher les revenus les plus prochains, les plus promptement réalisables. Les futaies, objet d'une longue attente, seront sacrifiées aux taillis, qui promettent une valeur annuelle après une période assez courte. Mais cet intérêt doit se modifier selon la nature de la propriété, immuable et de main-morte, ou mobile et transférable. Un propriétaire, passager ou viager, n'est pas dans la même situation que celui qui, comme l'État ou la commune, ne change ni ne meurt, au milieu de possesseurs précaires qui se succèdent indéfiniment. Le premier n'a en vue que ses jouissances personnelles ; le second, tout en obéissant aux nécessités du présent, doit être conservateur par instinct et par devoir, parce qu'il est chargé de veiller aux besoins des générations futures, dans l'intérêt d'une société dont l'existence n'a pas de terme fixe.

Les faits justifient ces considérations générales. Nous les trouvons dans les chiffres qui représentent la proportion entre les taillis et les futaies. Nos diverses forêts possèdent actuellement en futaies, savoir : celles de l'État 45 centièmes ; celles de l'ancienne liste civile 50 centièmes ; celles des communes 24 centièmes ; et celles des particuliers 12 centièmes et demi. On voit, d'après ces chiffres, comment les futaies suivent une progression décroissante depuis l'État, la plus haute expression de l'intérêt général, jusqu'à la propriété privée, renfermée dans le cercle de l'actualité et de la spéculation individuelle.

La production des futaies est, à mon avis, la véritable question sociale. Je ne me préoccupe pas autant du bois de feu, parce que sa production plus prompte peut, dans des circonstances données, encourager la spéculation par les profits qu'elle lui promet. Mais les produits qu'il faut attendre pendant plus d'un siècle, déconcertent toutes les prévisions. Cette vue lointaine, ce sacrifice de l'actualité, ne peuvent appartenir qu'à la société représentée par l'État, et veillant elle-même à sa propre conservation. Les propriétés de l'État, au milieu de nos institutions et de nos mœurs, paraissent naturellement destinées à la création et à la conservation de ces produits séculaires qui forment une partie de la fortune publique, et peuvent devenir un jour l'espoir et la sûreté du pays.

Après les forêts de l'État, viennent celles des communes. La commune présente, dans une sphère moins étendue, les mêmes conditions de stabilité et de durée : c'est une petite société qui a ses lois, ses besoins, ses instincts de conservation. Aussi doit-elle, comme l'État, prolonger ses vues dans l'avenir. Le législateur de 1669 avait obéi à cette loi suprême des sociétés, en prescrivant la réserve du quart, qui demeurait affecté aux besoins futurs. La commune se trouve également sous l'empire de nécessités actuelles auxquelles elle doit pourvoir, et, sous ce rapport, quelques taillis lui deviennent nécessaires : c'est une distribution, c'est un partage à régler d'après les convenances locales. Mais ces diverses ressources, sagement ménagées entre le présent et l'avenir, ne profitent-elles pas à tous les habitants? N'ont-ils pas leur part dans la répartition des coupes affouagères et des bois de service? Ne jouissent-ils pas du pacage, de la litière, et des fruits divers, dont quelques-uns servent à leur nourriture, et qui tous servent à l'entretien et à l'engraissement de leurs animaux les plus utiles? Quand on calcule les revenus des biens communaux, il ne faut pas se fixer uniquement sur les recettes qui entrent dans la caisse municipale; il faut tenir compte de tous les produits en nature que les habitants recueillent, et dont le pauvre est appelé à retirer sa part. Enfin la commune n'a-t-elle pas ses constructions, ses édifices publics, ses chemins? Ne doit-elle pas pourvoir aux frais de premier établissement et d'entretien, et ce qu'elle peut trouver dans ses propriétés n'est-il pas un avantage réel pour le contribuable?

La culture forestière convient donc aux communes dans l'intérêt des habitants, et aussi dans l'intérêt d'une société dont le bien-être doit réveiller la sollicitude générale.

Généralement, on ne doit espérer ni exiger que des particuliers se soumettent à des aménagements à long terme. Une servitude de la sorte ne saurait être imposée d'une manière absolue sur une masse de propriétés privées possédées à divers titres, et ne présentant pas toutes, sous le rapport de la production forestière, un égal caractère d'utilité publique. Si cette servitude n'était que la condition d'un encouragement, quelle garantie trouveriez-vous contre une gestion peu intelligente, ou une incurie volontaire? Je conçois qu'un régime spécial peut être appliqué à des forêts situées sur des terrains inclinés, auxquelles tout le monde est d'accord d'appliquer l'interdiction du défrichement, et même, dans certains cas, à des bois de plaines, mais toujours pour des motifs d'utilité publique. Hors de ces exceptions limitées, vos encouragements doivent se borner à des améliorations sagement progressives, et compatibles avec l'intérêt du propriétaire.

C'est surtout dans les forêts de l'État et des communes qu'on peut se flatter d'obtenir des futaies pleines, et de léguer ainsi à la postérité des ressources précieuses pour les arts et pour les grandes constructions civiles et navales. Hors de là, tout est précaire, éventuel, incertain comme la volonté de l'homme, comme les besoins dont il subit l'empire irrésistible.

CHAPITRE VI.

De l'intérêt pastoral.

La nécessité du reboisement paraît être généralement reconnue. Mais on abandonne ou on ajourne indéfiniment cette grande mesure d'utilité publique, en présence des intérêts qui s'y opposent, et des difficultés d'exécution. Parmi ces intérêts, celui dont on s'alarme le plus, parce qu'il a vécu longtemps dans des habitudes de jouissance abusive, c'est le pâturage. Faut-il sacrifier le reboisement à cet intérêt qui voudrait se rendre exclusif? Est-il possible de concilier ces deux intérêts, qui, toutes choses bien appréciées, doivent avoir un même but, la conservation du sol, sans lequel il ne peut y avoir ni bois, ni végétation quelconque? En reconnaissant tout ce qu'a de respectable l'industrie pastorale, qui nourrit une grande partie de la population de nos montagnes, peut-on lui faire sa juste part, et en même temps assurer à la culture forestière sa part également légitime? Les montagnes, par leur disposition en cimes et en plateaux, en pentes plus ou moins abruptes, plus ou moins accessibles et diversement exposées, ne présentent-elles pas une distribution naturelle entre les bois et les pacages? Essayons de concilier ces deux intérêts, double condition de vie et de sécurité pour les habitants de nos vallées, partage équitable et obligé, pour le maintien de la société, entre les nécessités actuelles et les besoins des générations futures.

En premier lieu, distinguons les terrains définitivement assignés au pâturage, les terrains boisés actuellement, et les terrains à reboiser; par là nous parviendrons à cette révision du sol forestier, objet de tant de vœux. L'industrie pastorale exercera librement ses droits dans les bois défensables, et sur tous les terrains dénudés, tant que ces terrains ne seront pas l'objet d'un reboisement.

En second lieu, en vertu d'un reboisement qui doit être *successif,* et se prolonger pendant une période plus ou moins longue, suivant les ressources et surtout les motifs d'utilité publique, le pâturage ne perd annuellement que quelques terrains, souvent stériles et de peu de valeur, qui seront successivement remplacés par ces mêmes terrains passant à l'état de défensabilité.

En troisième lieu, le pâturage devrait être déterminé d'après les besoins exclusifs des habitants. Dans les Pyrénées comme dans les Alpes, la surcharge des animaux qui dévorent les montagnes n'est due qu'aux troupeaux étrangers qui y sont introduits au moyen de l'amodiation ou en raison d'une taxe par tête. Les étrangers ne jouiraient de cette faculté, qui en droit rigoureux ne peut appartenir qu'aux habitants, qu'après vérification de la possibilité des pacages communaux.

En quatrième lieu, le pâturage s'exerce sans ordre ni mesure, du moins dans quelques contrées des Pyrénées. Ici des régions spéciales sont assignées aux bêtes à laines; là, au contraire, les troupeaux sont confondus sur les mêmes terrains. Dans ce dernier cas, le gros bétail souffre, les races dégénèrent, et, malgré cet abus, le mal se perpétue et s'aggrave, parce que les possesseurs des bêtes à laines sont plus nombreux, et qu'ils règnent souverainement dans ces vastes solitudes, d'où ils excluent impitoyablement les animaux qui feraient à leurs troupeaux une concurrence redoutable. Dans beaucoup de localités, le gros bétail erre en liberté sans un pâtre qui le conduise et le protége en le maintenant dans une région convenable et en l'éloignant d'un pas dangereux.

Dans des modes de jouissance annuels, on pourvoirait à tous les besoins, en désignant les quartiers affectés à chaque espèce de troupeaux, dans les diverses stations de printemps et d'été, avec les époques de l'entrée et de la sortie. Les pâtres ou guides chargés de la direction des bestiaux lorsque les propriétaires ne les conduiraient pas eux-mêmes, seraient obligés de les contenir dans des limites déterminées. L'ordre et la régularité présideraient ainsi à l'exercice d'une faculté dont les abus nuisent principalement à l'élève du gros bétail, vers lequel tous les efforts doivent être dirigés. La surveillance des bois deviendrait plus simple et plus facile, avec le concours simultané des pâtres et des gardes forestiers, soumis à une direction intelligente et à une responsabilité efficace.

La question forestière peut se concilier, telle est ma conviction, avec l'intérêt pastoral. Il se montre exclusif, parce qu'il n'est pas éclairé sur ce qu'on exige de lui, et sur les avantages qui se rattachent à l'existence des forêts. Ces bois, relégués sur les cimes et sur les pentes, conservent le sol, protégent les herbages et les cultures, et remplissent même une destination hygiénique. Dans ces hautes régions, une terre dépouillée, sèche et aride, s'échauffe d'autant plus que la position est plus élevée, pendant que l'air environnant est beaucoup plus froid que celui de la plaine. Les forêts offrent un abri salutaire aux troupeaux poursuivis par les ardeurs dévorantes de l'été [1].

(1) En été, comme M. Martins l'a remarqué, sur un sommet des Alpes à 2,680 mètres au-dessus du niveau de la mer, le sol s'échauffe au point que la température diurne moyenne est égale au maximum de celle de l'atmosphère. En effet, les rayons calorifiques du soleil traversent une couche atmosphérique moins épaisse de 2,680 mètres. « L'air environnant, au contraire, est plus froid que « celui de la plaine, parce qu'il est plus dilaté à cause de la moin- « dre pression, d'une plus grande capacité calorifique, et dans un

Il y a un système entier d'améliorations à introduire dans l'exploitation de nos montagnes, toutes favorables aux développements de l'industrie pastorale. L'attribution de quartiers distincts à chaque espèce de troupeaux serait un premier avantage, parce que la surface gazonnée qui protége le terrain, moins foulée, fournirait une végétation plus active et plus abondante. Le délaissement des bestiaux errant sans guide et dans un état presque sauvage, livrés à toutes les inclémences du temps, est un fait grave, digne de la sollicitude des hommes qui s'intéressent au progrès de nos races. Par la construction de quelques hangars, dépense peu considérable si l'on considère les ressources que présentent les débris mêmes de nos forêts dépérissant sur le sol, on assurerait aux divers troupeaux aujourd'hui abandonnés un abri pendant les nuits froides du printemps, et un refuge contre la rigueur des saisons. Par cette stabulation, quoique temporaire, on obtiendrait une masse d'engrais qui, combinés avec l'irrigation, toujours si facile dans les montagnes, fertiliseraient les pacages et en décupleraient les produits. Cette stabulation permettrait encore d'utiliser le lait des vaches, et de l'employer à la fabrication du beurre et du fromage d'après le système des fruitières, ou suivant tout autre mode.

« état d'agitation perpétuelle. En outre, il ne recouvre point,
« comme celui de la plaine, de grandes surfaces terrestres qui
« l'échauffent par contact, par réflexion et par rayonnement. »
(*Annuaire météorologique pour* 1849.)

Ne nous le dissimulons pas, dans les Pyrénées en général, l'industrie pastorale a tout un progrès à faire dans les soins à donner aux bestiaux, et dans l'art d'en utiliser les produits en les améliorant et en les transformant suivant les convenances économiques.

Toutes ces améliorations progressives, témoignage d'une administration éclairée, ne seraient pas méconnues par les populations de nos montagnes, plus intelligentes qu'on ne le suppose généralement. Elles verraient que, si d'une part on paraît leur enlever la possession éphémère de quelques terrains presque stériles, au profit de la richesse du pays, de l'autre les produits destinés à leurs troupeaux auront augmenté en quantité et en qualité sur un sol moins étendu peut-être, mais toujours plus fertile.

CHAPITRE VII.

De l'administration forestière. — De la sylviculture.

L'administration forestière a-t-elle mérité les reproches qu'on lui adresse? Est-elle nécessaire?

Je mets en fait qu'on ne peut la rendre responsable des dévastations extraordinaires qui, dans des époques de trouble, ont eu lieu au sein de nos forêts, ni des pertes successives qu'elles ont subies en vertu des

causes générales et particulières que nous avons indiquées.

Souvent elle a prévenu le mal. Souvent aussi elle
n'a pu l'empêcher. Son impuissance, parfois manifeste, tient à divers motifs qu'il est inutile de rappeler,
et presque toujours au peu de concours qu'elle trouve
dans ses agents inférieurs; je veux parler des gardes,
dont l'organisation, vicieuse en principe, accuse des
résultats déplorables.

Mais les mesures que nous venons de proposer, et
celles que nous indiquerons plus tard, en favorisant
le rétablissement de l'ordre et de la régularité là où
des prétentions rivales se combattent sans cesse, per-
mettront à l'administration forestière de se livrer
en toute liberté à l'œuvre de conservation et de progrès qui lui a été confiée.

En nous exprimant ainsi, nous paraissons reconnaître la nécessité de cette administration. En effet,
la culture forestière, c'est ce qu'on ne sait pas assez,
constitue une science nouvelle qui a ses méthodes et
ses procédés, et qui exige des études spéciales. Elle a
fait de notables progrès, avec le concours de la chimie et de l'histoire naturelle, et en s'éclairant des
expériences faites en divers pays, notamment en Alle-
magne. C'est par des observations multipliées sur l'action de l'air, de l'eau, des engrais, qu'on parvient à
perfectionner la culture et à régler le traitement des
forêts. Par exemple, les éclaircies successives, en facilitant la circulation de l'air et le renouvellement

d'un fonds inépuisable d'acide carbonique, ont ce
premier avantage de donner des produits indépen-
dants de ceux de la coupe définitive. Mais il est en
outre reconnu, d'après les expériences de M. Eugène
Chevandier, *que le volume de bois existant à un âge
donné sur un hectare est, dans de certaines limites, indé-
pendant du nombre d'arbres qui se trouve sur le
terrain, et que souvent même ce volume est plus considérable pour un nombre d'arbres plus petit.* On voit
par là tous les soins intelligents que comporte le traitement des forêts, si l'on veut arriver à la solution de
ce problème intéressant de l'économie forestière :
*obtenir la plus grande production possible en matière
sur un espace donné.*

Parmi les connaissances que le forestier doit pos-
séder, nous devons mentionner la météorologie, qui
éclaire d'une si vive lumière la géographie botanique,
science nouvelle dont M. de Humboldt est le créateur.
A cet égard, nous ne pouvons résister au désir de
rapporter un fait remarquable, qui intéresse la culture du pin de Suède (*pinus silvestris*) si renommé
dans les constructions navales. MM. Martins et Bra-
vais ont reconnu que celui de Geffle, qui est réputé
le meilleur, doit la qualité supérieure de son bois à
l'épaisseur moyenne des couches annuelles, qui est
d'un millimètre environ, tandis que dans les plaines
de France, cet arbre, végétant toute l'année, présente
des couches si larges que son bois mou et spongieux
devient impropre à tous les usages qui réclament de

la force et de l'élasticité. Pour obtenir un bois de même nature, il faudrait trouver un climat analogue à celui de Geffle, c'est-à-dire entre 1,500 et 1,800 mètres dans les Alpes, et entre 800 et 1,200 dans les Vosges. Les prévisions de M. Martins se sont réalisées. Il a trouvé dans les environs de Briançon des pins sylvestres dont l'épaisseur moyenne des couches se rapprochait de celle des pins de Geffle. La nature du sol exerce encore une influence égale à celle du climat. Ainsi ce pin sylvestre, en Norvége, est, après le bouleau blanc, l'arbre qui s'avance le plus vers le nord; il dépasse l'épicéa (*abies excelsa*), tandis que, dans les Alpes, il s'arrête au pied des montagnes et l'épicéa s'élève à une hauteur moyenne de 1,800 mètres. C'est que le pin ne peut prospérer que dans un terrain sablonneux, comme M. Martins l'a observé, et le terrain de transport s'arrête au pied des Alpes. Dans le Nord, au contraire, ce terrain se retrouve jusque dans les parties les plus reculées de la Laponie [1].

Les observations qui précèdent prouvent que la direction des forêts ne peut appartenir qu'à des hommes spéciaux, qui d'ailleurs ne doivent pas être étrangers à la connaissance des lois et des principes

(1) *Annuaire météorologique pour* 1849. Une autre circonstance nous paraît également devoir être prise en considération : c'est l'*exposition*. Nous avons cité ces faits, auxquels nous pourrions en ajouter d'autres analogues, afin d'établir les services que la science peut rendre à l'art forestier, soit en augmentant, soit en améliorant la production.

de l'économie politique ; et l'administration forestière, disons-le avec vérité, compte un grand nombre de fonctionnaires éclairés, dont les travaux sur les diverses branches du service qui leur est confié font honneur à leur administration et au pays. Aussi n'ont-ils pas manqué à l'œuvre, lorsqu'ils ont pu agir en liberté ou qu'ils ont été secondés. C'est grâce à leur initiative que les forêts de l'État ont atteint en peu de temps un grand degré de prospérité : c'est encore par leurs efforts, et avec le concours des autorités locales, que le reboisement, pratiqué presque sans frais, est à peu près complet dans le Bas-Rhin et qu'il a fait de notables progrès dans les Vosges et dans le Puy-de-Dôme.

Est-il vrai, comme on l'allègue, que la dépense de cette administration serait hors de proportion avec le revenu ? Notre réponse est écrite dans l'œuvre si remarquable de M. d'Audifret. Voici, pour les différentes administrations, le rapport de la dépense au revenu : *Forêts,* 5 $\frac{1}{10}$ pour 100 ; *contributions directes,* 5 $\frac{1}{10}$ pour 100 ; *contributions indirectes,* 12 $\frac{1}{2}$ pour 100 ; *domaines,* 5 $\frac{4}{10}$ pour 100 ; *postes,* 53 $\frac{1}{10}$ pour 100 ; *douanes,* 4 $\frac{6}{10}$ pour 100, et 16 $\frac{1}{6}$ pour 100 en comptant la solde de la force armée.

Mais d'un autre côté, je ne saurais le dissimuler, l'administration forestière me paraît présenter des vices d'organisation qui nuisent à l'accomplissement de sa mission. Les spécialités, dans le service d'un grand État, sont indispensables. On sait comment la

9

division du travail a produit des merveilles dans le monde industriel, parce qu'en perfectionnant les détails, elle concourt à rendre l'ensemble plus parfait. Toutes les impulsions particulières obéissent ainsi à la même loi. Il en est de même dans l'ordre administratif lorsque tous les agents divers d'un service travaillent au même but. Mais tout change lorsqu'une spécialité agit d'une manière isolée, indépendante, en présence de prétentions rivales, et sans une direction commune qui puisse rétablir l'ordre et l'harmonie. C'est souvent le cas de l'administration forestière. Chargée de gérer les bois communaux, elle ne peut compter ni sur le concours de la commune, ni sur l'appui de l'autorité administrative, à laquelle les intérêts communaux demeurent confiés. Le forestier, présumé agent administratif ou communal, n'est en réalité ni l'un ni l'autre. Les mêmes inconvénients ne se présentent pas dans d'autres services qui marchent avec le concours d'agents spéciaux, comme la vicinalité, l'instruction primaire, parce que ces agents fonctionnent sous les ordres de l'administration, qui peut surmonter les obstacles et diriger tous les efforts vers un même but.

L'administration forestière a pour mission de gérer des propriétés communales et de veiller à l'exécution de mesures qui intéressent l'agriculture et l'hygiène du pays. On ne comprend pas comment elle peut appartenir au département des finances. Sa place naturelle serait dans le ministère de l'intérieur ou dans celui de l'agriculture. Là, elle recevrait une direction plus en rapport avec ses attributions, et ses agents, devenant de véritables agents administratifs, trouveraient eux-mêmes dans l'autorité du préfet et du ministre une influence plus naturelle et plus décisive.

LIVRE III

CHAPITRE PREMIER.

Résumé des faits.

Avant de rechercher les mesures que comporte le reboisement, il est essentiel de dégager et de mettre en relief les faits les plus positifs qui résultent de l'examen auquel nous nous sommes livré.

Dans l'ordre physique,

Les forêts paraissent, dans toutes les situations, exercer une influence appréciable sur les phénomènes atmosphériques. Trop multipliées, elles entretiennent dans l'atmosphère une humidité nuisible. Leur rareté ou leur absence totale augmente la sécheresse de l'air, et réagit sur la température et le climat du pays. Convenablement réparties ou groupées, suivant les circonstances locales, elles offrent des abris utiles, et maintiennent un état hygrométrique favorable à la végétation.

Situées sur les collines et sur les montagnes, les forêts conservent le sol; et dans toutes les situations, en le soulevant, en le rendant plus perméable, et en le protégeant contre l'évaporation, elles favorisent l'infiltration des eaux pluviales, qui sont le principal aliment des sources.

Par ce même effet de défendre le sol contre les affouillements, et de ménager une plus grande absorption des eaux pluviales, en même temps qu'elles en modèrent le cours en les divisant et en prévenant leur réunion, elles concourent, dans les montagnes, à affaiblir ou à neutraliser l'action dévastatrice des torrents, qui se manifeste par des inondations irrégulières et fréquentes, et par ces irruptions de débris et de ruines qui couvrent le domaine de l'homme et forcent les populations à reculer sans cesse devant une solitude inhabitable.

Dans l'ordre économique,

L'insuffisance de nos ressources forestières est démontrée par l'élévation successive du prix du bois, et par l'importation des bois étrangers, dont le chiffre augmente chaque année.

Elle est encore démontrée par la comparaison de l'étendue de notre sol forestier avec les produits en matière dont il est susceptible, fait grave qui atteste à la fois les dévastations dont il a été l'objet, et la destruction anticipée des réserves de l'avenir.

Une bonne économie semble réclamer en France une meilleure répartition des cultures. Cette répartition doit s'opérer d'une part par le défrichement des bois de plaines situés dans des terres propres à d'autres cultures plus précieuses, de l'autre, par l'extension de la production forestière dans des régions spéciales.

Ce défrichement doit être progressif et suivre la marche parallèle du reboisement.

Le pâturage est la cause la plus active du déboisement. Lui laisser toute latitude, c'est assurer la ruine du sol forestier. L'interdire, ce serait attaquer l'existence même des populations qui habitent nos montagnes. De là, nécessité de concilier deux intérêts aujourd'hui rivaux : 1° par un partage qui résulte de cette distribution que la nature a préparée de ses propres mains en plateaux et en bassins, en cimes et en pentes plus ou moins abuptes ; 2° par un reboisement *successif* qui ne s'empare de terrains presque stériles que pour les rendre plus tard avec une valeur nouvelle, et qui d'ailleurs s'élève à une haute question d'utilité publique, même pour l'industrie pastorale, par l'influence qu'il doit exercer sur la conservation et sur la fertilité du sol, et sur le cours des torrents [1] ; 3° par une gestion plus intelligente des biens communaux, qui assure, sur une masse peut-être moins

---

(1) Nous avons déjà observé que la couche de terre végétale doit diminuer avec le déboisement. D'un autre côté, on apprécie les bienfaits de l'irrigation. Or il est incontestable que les bois, par leurs dépouilles, préparent la matière des engrais dont les eaux courantes se chargent et qu'elles déposent sur les terrains inférieurs.

considérable de terrains, des produits plus abondants; 4° enfin, par toutes les améliorations qui doivent tendre aux développements de l'industrie pastorale.

La culture des futaies pleines doit être principalement encouragée, parce que, sur une étendue égale
de terrain, elles donnent plus de produits en matière. C'est dans les forêts de l'État et des communes
que les gouvernements doivent entretenir et renou-
veler sans cesse ces ressources précieuses pour l'avenir et pour nos constructions civiles et navales.

CHAPITRE II.

Examen de quelques projets de reboisement. — Nécessité
d'une exécution immédiate.

Depuis bien des années, on court à la recherche
de divers documents statistiques, toujours incomplets
ou insuffisants, parce qu'on néglige les précautions
et les garanties nécessaires, et on recommence sans
cesse en suivant les mêmes procédés.

Le classement prescrit par le projet de loi sur le
défrichement présenté à l'Assemblée législative, et le
terrier proposé par M. Dufournel ont pour objet de
reconnaître l'étendue de notre sol forestier. On obtiendrait ainsi, après bien des efforts, un nouveau

chiffre qui n'aura pas plus de portée que les précé-
dents, si on laisse en oubli une circonstance essentielle, l'état matériel des forêts.

D'ailleurs un classement n'a pas de but réel, s'il
n'est précédé et éclairé par un système arrêté de reboisement, comme un projet de reboisement ne
peut avoir de solution décisive, sans un principe qui
le domine et qui le justifie : ce principe, c'est l'utilité
publique.

M. Dufournel, du moins, ne se bornait pas à la
demande d'un cadastre forestier : il se préoccupait
en même temps de la véritable question à résoudre,
lorsque, reconnaissant l'insuffisance de nos ressources, il cherchait à exciter la production par tous les
moyens qui peuvent agir sur l'intérêt privé. Mais il
compromettait lui-même son projet, en négligeant
de le fonder sur l'utilité publique.

Les classements divers qu'on recherche ne peuvent
être que la conséquence ou l'exécution d'un nouveau
système de reboisement. Pour savoir quels seront les
bois à défricher, les bois à conserver et les bois à
créer, il faut savoir avant tout de quel principe on
part et quel but on veut atteindre. En effet, si l'on
admet l'opinion de quelques économistes, il n'y aurait rien à faire : il faudrait tout simplement pro-
clamer la liberté absolue du défrichement, laisser la
production forestière suivre son cours naturel, et renoncer à toute prétention de la diriger ou de l'encou-
ger. Si, au contraire, on reconnait que l'existence des

forêts a une destination *utile*, comme nous croyons
l'avoir démontré, le point de vue change, les choses
se classent naturellement suivant les diverses exigences de l'intérêt public, et l'autorité ne peut plus demeurer indifférente ou oisive.

Avant d'exposer nos idées, nous examinerons quelques propositions *partielles* que la question forestière a fait naître. Car les efforts laborieux qu'on a
tentés depuis bien des années, n'ont pu aboutir à un
système complet de reboisement, parce que l'utilité
publique n'en était ni la source, ni la justification.

. Les économistes forestiers n'ont manqué ni de
véritable science, ni de sagacité dans l'appréciation
des faits. Mais, trop préoccupés peut-être de leur spécialité, ils ne tiennent pas suffisamment compte des
intérêts étrangers qui se trouvent engagés dans la
question, lorsqu'ils proposent *que tous les terrains
déboisés, en nature de prés-bois, pâtures ou pâturages,
qui occupent les pentes et les plateaux élevés des montagnes, soient de plein droit soumis au régime forestier, et que les surfaces gazonnées soient assimilées
aux surfaces boisées.* Nous nous attacherons de pré-
férence à des améliorations progressives, qui, exécu-
tées avec une prudente modération et suivant l'urgence des besoin, produiront des résultats plus sûrs,
en modifiant insensiblement des habitudes invété-
rées, et en offrant aux intérêts légitimes des ménagements nécessaires et des compensations équitables.

Les gouvernements, au contraire, en présence de

prétentions irritantes qu'on doit s'attacher à concilier sans leur sacrifier l'intérêt général, ont toujours
éludé ou ajourné toute solution définitive, en s'arrêtant à des mesures transitoires ou à des études préliminaires.

En dehors de ces systèmes, de savants ingénieurs
ou géologues, dans leurs profondes recherches sur
l'action des eaux courantes et la marche des torrents,
ont bien reconnu et constaté les divers effets du déboisement. Ils seraient sortis de la spécialité de leur
sujet, s'ils avaient proposé un système général de reboisement. Ces travaux, dont quelques-uns ont été
déjà appréciés par nous, sont dignes sans doute de
l'examen du législateur. Mais bornés à un seul ordre
de faits, à une chaîne de montagnes ou à certaines
localités, ils ne peuvent offrir, comme matière d'une
loi, ce degré de généralité, ni cet ensemble de détails
que comporte la question envisagée dans son principe et dans ses moyens d'exécution.

En 1849, M. Dufournel, frappé des effets du déboisement, proposait, pour y remédier, les moyens
suivants :

1° D'assurer le reboisement de 500,000 hectares
de terres incultes et improductives, moyennant une
prime dont le maximum serait de 125 francs par hectare, à la charge par les particuliers, les communes
ou les établissements publics d'entreprendre immédiatement les travaux, et d'occuper ainsi la classe ou-
vrière sur tous les points de la France.

2° D'aliéner 100,000 hectares des forêts de l'État les plus propres à la culture, et d'en affecter le prix à payer les indemnités qui seraient accordées aux propriétaires des terrains à reboiser.

Cette proposition présentait deux inconvénients principaux.

En premier lieu, l'auteur ne considérait pas la question forestière comme une véritable question d'utilité publique. Il redoutait sans doute les conséquences d'une question ainsi posée, qui lui paraissait compromettre les intérêts des habitants des montagnes, dont le pâturage constitue la seule richesse. Mais il perdait de vue que le déboisement compromet aussi ces intérêts, en livrant le sol à l'action délétère des eaux et des agents atmosphériques, et en concourant ainsi à la diminution successive des herbages.

En second lieu, l'auteur me paraissait manquer son but unique, l'augmentation de nos ressources forestières. On pouvait être séduit au premier abord par cette combinaison de gagner cinq lorsqu'on n'aliène qu'un, et d'employer la valeur d'une partie de notre sol forestier à en accroître l'étendue et par suite les produits. Mais, au fond, l'auteur sacrifiait une richesse actuelle et certaine à une éventualité confiée à la spéculation privée, alors que la culture forestière est un discrédit, et il ne nous paraissait pas avoir suffisamment apprécié les chances d'une opération délicate, les résistances des propriétaires, et toutes les difficultés d'exécution.

Enfin il commençait le dépouillement, l'anéantissement de ces forêts domaniales qui, seules avec quelques bois communaux, conservent des réserves intactes. S'il en est temps encore, respectons notre vieux sol forestier, ne portons pas une main trop téméraire sur un reste de richesses accumulées lentement, successivement, que les générations passées nous ont léguées pour en jouir sans doute, mais sous réserve des droits de nos successeurs.

M. Dufournel, à l'occasion du projet de loi sur le défrichement, a formulé une nouvelle proposition qui nous paraît plus simple et plus praticable que la première.

Il veut assujettir les propriétaires du bois dont le défrichement serait autorisé à payer à l'État une indemnité qui représenterait les $\frac{2}{5}$ de la plus-value de leur propriété. Les sommes payées en vertu de cette disposition constitueraient un fonds spécial destiné à indemniser les particuliers qui planteraient de nouvelles forêts.

Dans cette proposition, il n'est plus question du sacrifice de nos forêts les plus florissantes. Mais le défrichement ne peut être une mesure subite et immédiate : c'est la grande loi d'utilité publique, qui doit en régler les conditions et les limites. Si les bois, dans les plaines, doivent quelquefois céder la place à d'autres cultures plus précieuses, ils ne doivent pas être livrés à la charrue, lorsqu'ils ont une destination utile. La société, d'ailleurs, est intéressée à ce que la transition d'un régime à un autre ne soit pas trop brusque, et à ce que les pertes qu'elle éprouve puissent être réparées. Sous ce dernier rapport, M. Dufournel, admettant la liberté du défrichement comme un fait accompli, cherchait à l'utiliser au profit du sol forestier, en soumettant les particuliers qui défricheraient leurs bois, à une indemnité destinée à payer les frais de nouvelles plantations. L'État pouvait ajourner, comme il l'a déjà fait, la liberté du défrichement. En levant l'interdiction qui pesait sur les bois, il assurait à ces propriétés une survaleur de plus d'un tiers [1]. M. Dufournel a pu penser qu'une indemnité équitable devait être la compensation d'un avantage inespéré, en même temps qu'on pouvait, au moyen de cette indemnité, réparer les pertes que la société devait subir.

Ne nous le dissimulons pas, la question forestière ne recevra une solution définitive que lorsqu'elle aura pour règle et pour garantie l'utilité publique. Sans ce principe, on n'a plus de guide sûr dans l'exécution de la mesure du défrichement, et on ne peut entreprendre l'œuvre si urgente du reboisement des montagnes.

Diverses modifications au Code forestier ont été proposées à l'Assemblée législative. Elles sont généralement étrangères à la question qui nous occupe.

(1) Voir les rapports de M. le directeur général et de M. Beugnot.

Nous nous bornons à desirer que le gouvernement ne s'arrête pas trop facilement à des propositions qui tendraient à soustraire les bois communaux au régime forestier. Cette mesure aurait, dans les montagnes, de graves inconvénients. Là, ne l'oublions pas, un intérêt respectable sans doute, mais trop exclusif parce qu'il n'est pas éclairé, travaille sans cesse à la ruine du sol forestier [1]. En lui donnant toutes les satisfactions légitimes, l'administration doit toujours réserver intacte une grande question d'utilité publique, à laquelle peuvent se rattacher les véritables progrès et l'avenir même de l'industrie pastorale.

Enfin, avant d'adopter un système de reboisement, est-il nécessaire de recourir à des études préliminaires, comme l'ancien gouvernement l'avait proposé? Et quelle serait l'utilité de ces études?

Dans le projet de loi du 22 février 1847, le ministre proposait des études préliminaires, *dans l'objet de déterminer l'étendue des bassins, des torrents et des cours d'eau qui produisent des inondations, et d'établir les plans des travaux d'art propres à prévenir les dévastations causées par les eaux.*

On supposait que ces renseignements ne seraient recueillis que dans cinq années. Dans quel but ce retard? Quel résultat pouvait-on se promettre de ces

---

(1) Cette lutte date de plusieurs siècles. Diodore de Sicile prétend que les Pyrénées ont pour étymologie un mot grec, πυρ, *feu,* et cela, dit-il, parce que les pasteurs en avaient incendié les forêts. *Silvæ injecto a pastoribus igne universæ conflagraverunt.*

études? C'était là, ne nous le dissimulons pas, un palliatif qui d'une part laissait en suspens la question principale, et de l'autre couvrait deux mesures que le gouvernement avait à cœur d'obtenir : la nomination des gardes forestiers, et l'interdiction absolue du défrichement. C'était tellement un palliatif, que le ministre, dans l'exposé des motifs, s'appuyait sur un avis de la commission, qui proposait, *dans le cas où l'administration, considérant l'importance des dépenses qu'elle avait à faire, n'aborderait pas immédiatement l'exécution complète du reboisement,* d'entreprendre au moins toutes les mesures propres à jeter le plus grand jour sur cette question complexe et difficile. Mais la commission avait reconnu déjà que les travaux hydrauliques entrepris dans les vallées, pour s'opposer au cours impétueux des torrents, ne pourraient jamais en prévenir les dévastations, *si les flancs des montagnes et des collines n'étaient reboisés* ou n'étaient soumis à des mesures propres à consolider le sol et à retenir les eaux.

Il résulterait donc, de l'avis de la commission, que le reboisement était la première mesure à adopter, qu'il concourait à diminuer l'importance des travaux hydrauliques, et que, sans lui, tous les efforts de l'art pouvaient devenir inutiles. Les études proposées n'étaient qu'un moyen dilatoire auquel on s'attachait pour ajourner l'examen de la question principale.

Faut-il encore, et avant toute solution, se livrer à la recherche de nouveaux documents? S'agirait-il,

par exemple, d'un classement préalable des terrains
à reboiser ? Mais ces documents, comme nous l'avons
fait pressentir, ne peuvent être recueillis qu'en vertu
d'un système arrêté et en cours d'exécution. Le choix
des terrains à reboiser dépend d'une foule de circonstances locales variées et complexes : ici on a en
vue de conserver une source, lorsque son existence
paraît se lier à celle d'une forêt ; là on se propose
de protéger les habitations, la voie publique, un bassin, une vallée ; quelquefois on agit sous un point de
vue météorologique longtemps ignoré ou simplement présumé, mais devenu certain d'après de nouvelles découvertes.

Ainsi rien ne me paraît s'opposer à l'examen et à
la solution immédiate de la question du reboisement.

CHAPITRE III.

Dispositions principales d'un projet de loi sur le reboisement.

Ce qui compromet ordinairement le résultat des
lois administratives, c'est la prétention de les vouloir
trop complètes. Les détails dont on les surcharge sont,
ou inutiles s'ils ressortent du principe, ou embarras-
sants s'ils ne s'y rattachent pas. Une bonne loi ad-

ministrative, simple dans son principe, d'une instruction prompte et sûre, procède par généralités, et laisse
au pouvoir exécutif une autorité décisive dans les
mesures qui en assurent l'accomplissement, en l'en-
tourant de toutes les garanties que réclament les intérêts locaux et les droits privés. Cette latitude est surtout indispensable dans la loi forestière, qui doit être
ouverte à toutes les améliorations particulières ou
générales, qui sont variables comme les besoins actuels ou imprévus auxquels elle doit satisfaire.

Les attributions nous paraîtraient devoir être réglées
ainsi qu'il suit :

Au pouvoir législatif, les dispositions générales relatives au classement des diverses catégories de terrains à reboiser, au défrichement des bois, aux divers
modes d'instruction, aux garanties que réclament les
droits et les intérêts privés, enfin, aux moyens généraux d'exécution.

Au pouvoir exécutif, avec l'aide des commissions
spéciales et des conseils municipaux et départemen-
taux, la détermination des divers terrains à reboiser
dans chaque catégorie, les autorisations de défrichement suivant certaines limites, et toutes les mesures
générales de surveillance et d'amélioration.

Au pouvoir administratif, notamment aux préfets,
toutes les mesures de police, les règlements locaux,
les dispositions préventives et urgentes dans un intérêt d'ordre ou de conservation.

A l'administration forestière, sous la surveillance

10

de l'autorité administrative, la direction des travaux de semis et de plantation, et l'initiative de toutes les mesures qui tiennent à la culture, aux aménagements, à la défensabilité, en un mot à la conservation et à l'amélioration du sol forestier.

Pour être plus précis, nous essayerons de présenter sous la forme d'un projet de loi les mesures essentielles que le reboisement nous paraît comporter. Nous nous bornerons souvent à des dispositions générales. Si elles étaient adoptées, les dispositions accessoires ou les clauses pénales en découleraient naturellement. Quelques notes expliqueront les motifs qui nous guident et le but que nous nous proposons.

TITRE Iᵉʳ. — Du reboisement des montagnes.

ART. 1ᵉʳ. Le pouvoir exécutif, après enquête et vérification faites par des commissions spéciales dont il réglera l'organisation et la composition [1], et après

---

(1) Dans la plupart des systèmes on crée des commissions *cantonales* composées uniformément de fonctionnaires du canton et des membres des conseils d'arrondissement et de département. J'ai cru qu'on devait laisser plus de latitude à l'initiative du gouvernement. L'essentiel, c'est d'introduire dans ces commissions des hommes spéciaux, fussent-ils même étrangers au canton, pourvu qu'ils possèdent les connaissances que comporte la nature de leur mission ; ce qui n'exclut pas les membres des conseils d'arrondissement et de département, qui doivent représenter dans ces commissions les intérêts des localités. D'ailleurs le fractionnement par canton aurait de graves inconvénients. Une vallée divisée en deux

avoir pris l'avis des conseils municipaux et des conseils généraux, déterminera l'étendue et les limites des *zones montagneuses* auxquelles les dispositions du présent titre demeurent applicables [1].

Un ou deux membres des conseils d'arrondissement et de département, désignés par ces conseils, le conservateur ou un agent forestier désigné par lui, l'ingénieur des ponts et chaussées et l'ingénieur des mines, seront de droit membres de ces commissions.

Art. 2. Les commissions rechercheront dans chaque vallée et dans toute l'étendue des bassins, des fleuves, rivières et torrents, les causes générales ou locales de l'action dévastatrice des eaux. Elles indiqueront en même temps les reboisements qui peuvent concourir à en détruire ou en diminuer les effets, et à prévenir les dangers auxquels les propriétés

cantons serait soumise à deux commissions qui s'embarrasseraient. Les vallées se lient entre elles par les passages qui existent dans les chaînes latérales, et qui, tout en facilitant les communications, déversent les eaux des deux côtés dans les bassins principaux. La sollicitude du gouvernement doit embrasser tous ces points divers, sans égard pour les divisions administratives. A lui seul peut appartenir le soin de généraliser les mesures ou de les localiser, suivant le besoin.

Ces commissions, dont l'existence nous paraît indispensable, exerceront, si elles sont organisées et constituées convenablement, une influence décisive sur le sort du reboisement.

(1) Ces zones montagneuses ne s'étendront pas au delà du débouché des vallées dans les plaines. C'est au point de départ des eaux que le mal se produit ordinairement, et qu'il doit être attaqué.

et les habitations sont exposées par les éboulements,
les avalanches ou les coups de vent.

Art. 3. Sur les indications des commissions, et
après avoir pris l'avis des conseils municipaux et du
conseil général, le pouvoir exécutif déterminera les
terrains dont le reboisement sera reconnu nécessaire,
et ceux qui demeureront affectés au pâturage.

Art. 4. Le reboisement s'opérera successivement,
de manière à ménager les besoins des habitants, et à
leur rendre l'usage du pâturage sur ces mêmes terrains reboisés, lorsqu'ils seront reconnus défensables,
et qu'aucun motif d'utilité publique ne s'y opposera [1].

Art. 5. Les terrains, à mesure qu'ils deviendront
l'objet du reboisement, seront soumis de plein droit
au régime forestier. Ceux de ces terrains qui appartiennent à des particuliers seront expropriés pour cause
d'utilité publique, si ces particuliers ne s'engagent à les
reboiser et à exécuter toutes les conditions qui seront
prescrites en vertu de l'article 7 [2]. Ces terrains ainsi

(1) Cette disposition est très importante pour les communes.
C'est par un reboisement *successif* qui se prolongera pendant un
assez longue période, qu'on peut ménager et garantir les intérêts
des habitants. Cette mesure avait été également proposée par la
commission du conseil général de l'agriculture et par le directeur
général des eaux et forêts.

(2) D'après d'autres systèmes, les particuliers qui refusaient de
se soumettre aux conditions du reboisement étaient dépossédés
pendant une période de cinq années, après laquelle ils avaient la
faculté de rachat, à la charge de conserver et d'entretenir. Je n'ai
pas cru devoir reproduire cette disposition. On sent bien qu'il est

expropriés deviendront la propriété de l'État, si
mieux n'aiment les communes dans le territoire desquelles ils sont situés en devenir propriétaires, à la
charge d'en payer la valeur [1].

Faute par les particuliers d'exécuter l'engagement
qu'ils auront souscrit, ou de suivre les prescriptions
qui leur seraient imposées, les terrains pourront être
expropriés conformément au paragraphe précédent.

Art. 6. Les bois actuellement existants dans les limites des zones montagneuses déterminées d'après
l'article 1er, sont de plein droit soumis au régime forestier. Leur traitement et leur administration seront
réglés conformément à l'article suivant.

Art. 7. Les commissions, avec le concours de l'administration forestière, régleront tout ce qui a rapport 1° aux espèces de plants et semis à adopter suivant la nature du sol, son élévation, son inclinaison,
les intérêts des habitants, et la destination des bois [2];

impossible, pour des forêts de défense à créer dans les montagnes,
d'imposer à la propriété privée des charges onéreuses, et d'attendre des particuliers cet esprit de conservation et de prévoyance
qui sauvegarde les intérêts généraux. Je laisse à leur choix la faculté de se soumettre ou de refuser; mais une fois le refus constaté,
l'État acquiert la propriété dans un intérêt public.

(1) Par là, nous assurons à la commune la faculté d'accroître sa
fortune territoriale; d'ailleurs les terrains se trouvent plus à sa
portée, et elle peut les utiliser plus convenablement.

(2) Il est manifeste qu'une loi ne peut embrasser tous ces détails d'exécution, d'autant plus qu'ils doivent varier suivant les
circonstances locales. Les végétaux se classent symétriquement
d'après l'élévation du terrain. Soumis à cette loi générale, nous

2° à la défensabilité pour les bois actuels, et pour les bois à créer, à partir de l'époque du reboisement[1] ; 5° aux terrains susceptibles d'un repeuplement naturel[2] ; 4° aux aménagements, traitement et exploitation des bois des particuliers, des communes et des

devons étudier en outre la nature du sol, sa décomposition plus ou moins avancée, pour lui donner les végétaux qui vivent le mieux dans ces conditions et tendent le plus promptement possible à sa consolidation. La *destination* des bois est encore une circonstance à considérer, suivant le but qu'on se propose. Enfin les intérêts des habitants ne doivent pas être négligés, lorsque l'utilité publique n'y met pas obstacle. On adoptera ainsi les essences dont les fruits servent à la nourriture de l'homme ou des animaux domestiques, ou qui forment l'objet de quelque industrie digne d'encouragement. Nous citerons notamment le *chêne* et le *hêtre*, suivant l'élévation du terrain ; le *chataignier*, qui se plaît dans des terrains argilo-siliceux, peu propres à la culture, et dont les fruits suppléent ainsi à l'insuffisance des céréales que le sol paraît refuser ; le *chêne-liége*, qui affectionne les sols granitiques' et qui est cultivé avec tant de soin sur le revers espagnol des Pyrénées orientales : l'industrieux Catalan, pour propager un arbre si précieux, a su proscrire les chèvres, réduire la culture du seigle, parquer les bœufs et cantonner les moutons, pour les éloigner des jeunes pousses.

(1) La *défensabilité* dépend à la fois des espèces, et de la force végétative du sol combinée avec l'exposition. Elle doit être appréciée par des hommes compétents. Il est à désirer qu'elle soit fixée pour les forêts à créer, afin que les habitants sachent d'avance à quelle époque ils pourront rentrer en possession des terrains reboisés.

(2) Dans mes nombreuses incursions dans les Pyrénées, j'ai reconnu que bien des terrains aujourd'hui dénudés se couvriraient de bois naturellement et en peu de temps, si les troupeaux en étaient momentanément éloignés.

établissements publics [1] ; 5° à la détermination de la
portion des bois des communes qui doit être attribuée
exclusivement aux futaies [2] ; 6° au rachat des droits
d'usage, lorsque ces droits seront contraires à la conservation ou à l'amélioration des bois ; 7° enfin aux
coupes affouagères, à la manière de les exploiter, et à
l'exercice du pâturage dans les bois reconnus défensables.

Les propositions ci-dessus seront notifiées par les
soins de l'administration forestière aux conseils municipaux et aux parties intéressées, qui, dans le mois,
devront produire leurs observations. Le pouvoir exécutif statuera, sur l'avis du directeur général [3].

Faute par les particuliers propriétaires de bois de
se soumettre aux prescriptions qui leur seraient imposées ou d'en négliger l'exécution, leurs bois pour-

(1) On sent que ces mesures dépendent de la nature des produits à créer, taillis ou futaies, et cette création est subordonnée à
la destination des forêts, soit comme forêts de défense, soit comme
plantations seulement propres à abriter ou à consolider le sol.

(2) Nous avons déjà reconnu qu'il fallait diriger le plus possible
l'éducation du bois vers les futaies, dans les biens de main-morte.
Mais l'étendue à donner à cette production, dépend de trop de circonstances pour qu'on puisse la fixer d'une manière générale et
absolue.

(3) Toutes les questions comprises dans cet article tiennent à
l'art forestier. Mais ici l'art doit se combiner avec une autre considération décisive : la destination des forêts, selon l'influence connue qu'elles doivent exercer. C'est pour obéir à ce double intérêt,
que nous appelons le concours simultané des commissions et de
l'administration forestière.

ront être expropriés en tout ou en partie, conformément à l'article 5, sans préjudice des peines qu'ils auront encourues.

ART. 8. Les habitants exerceront le pacage sur tous les terrains déclarés libres et sur ceux qui devront être reboisés d'après l'article 5, tant qu'ils ne seront pas l'objet du reboisement, enfin dans les bois reconnus défensables.

Cependant le parcours pourra être suspendu, sur les propositions de la commission ou de l'administration forestière et par arrêté du préfet, dans les terrains dépouillés en totalité ou en partie de leur surface gazonnée, et que le piétinement des animaux exposerait à une dégradation complète. La commission indiquera les mesures à prendre pour la conservation du sol et la reprise de la végétation, et ces terrains ne pourront être rendus au parcours qu'après leur rétablissement dûment constaté et reconnu.

Si ces terrains font partie de ceux qui doivent être reboisés d'après l'article 5, ils seront immédiatement mis en défends et soumis au régime forestier [1].

ART. 9. L'exercice du pacage sera réglé annuellement par les conseils municipaux.

---

(1) Il importe de prévenir par voie d'urgence un état de choses qui tend à dénaturer complétement le terrain. Quelques précautions, diverses plantes fourragères, ou la reprise spontanée de la végétation, peuvent arrêter le progrès du mal, en facilitant la consolidation du sol. Plus tard, ces terrains, réparés et améliorés, peuvent fournir une nouvelle ressource aux besoins des habitants.

Dans ces règlements, on indiquera les quartiers qui demeureront assignés à chaque troupeau dans les diverses stations de printemps ou d'été, avec les époques de l'entrée et de la sortie. Les troupeaux seront conduits et gardés à vue par des pâtres qui, sous leur responsabilité, veilleront à ce que les troupeaux ne s'éloignent pas des quartiers qui leur sont assignés, et ne s'introduisent pas dans les bois ou dans les terrains mis en défends [1].

Le nombre et le salaire de ces pâtres seront fixés par les préfets sur les propositions des conseils municipaux. Leur salaire sera payé par les propriétaires des bestiaux, d'après les proportions indiquées par les conseils municipaux, et sur un rôle qui sera rendu exécutoire par le sous-préfet.

Les bestiaux étrangers ne pourront être admis dans les pacages communaux que sur une autorisation du préfet, et après vérification de la possibilité des pacages.

Les règlements ci-dessus, après avoir été soumis à

---

(1) En cas d'insolvabilité du pâtre, on peut opter entre la responsabilité des communes et celle des propriétaires des bestiaux. Dans le premier cas, les pâtres devraient être nommés par l'autorité municipale ; dans le second, ils le seraient par les propriétaires des bestiaux. La première mesure serait sans doute plus efficace. La commune serait rappelée par son propre intérêt à maintenir l'ordre et l'exécution des règlements, et à faire usage des moyens de police et de surveillance qu'elle a le droit d'exercer sur tout son territoire.

l'administration forestière, qui fournira ses observations, seront approuvés par le préfet.

ART. 10. Le préfet, sur les propositions de l'administration forestière, déterminera les clôtures ou les précautions nécessaires pour garantir les plants et les semis.

ART. 11. Les commissions présenteront leurs vues sur les améliorations dont les pacages communaux sont susceptibles, sur les causes générales ou particulières qui empêchent ou contrarient les progrès de l'industrie pastorale, et sur les développements qu'elle pourrait recevoir.

Les conseils municipaux et les conseils généraux seront appelés à émettre leurs vœux.

Pour l'exécution des améliorations proposées et arrêtées par le gouvernement, des encouragements pourront être accordés sur les fonds du département ou de l'État, eu égard aux sacrifices que s'imposeraient les communes et les propriétaires des bestiaux.

ART. 12. Le nombre et le traitement des gardes forestiers seront fixés par le ministre, sur les propositions de l'administration forestière et des conseils municipaux. La liste des candidats, dressée par le conservateur, sera soumise aux conseils municipaux, qui donneront leur avis. Le préfet nommera. Il y aura par canton un brigadier forestier, qui sera nommé par le directeur général [1].

(1) Si vous exigez une bonne surveillance, si vous voulez l'obtenir, si vous voulez enfin que l'administration forestière soit sans

Les gardes forestiers seront embrigadés par canton. Si cette force était temporairement insuffisante pour la garde des plantations et semis et la conservation des bois, les préfets pourront, sur les propositions de l'administration forestière, embrigader les gardes champêtres, qui seront soumis aux ordres de l'agent forestier local.

L'indemnité due aux gardes champêtres sera réglée par les préfets.

La surveillance sera exercée d'une manière continue, surtout dans les saisons où les pacages sont ouverts[1].

ART. 15. Les droits d'usage dont l'exercice serait reconnu nuisible à la conservation ou à l'amélioration des bois, pourront être rachetés à prix d'argent[2]. L'affaire sera instruite sur simple mémoire de l'admi-

---

excuse, laissez-lui le choix de ses agents. Sans cette garantie, elle vous dira toujours avec juste motif : Que pouvez-vous attendre de mon initiative, lorsque vous me privez des moyens les plus simples de discipline et de surveillance, lorsque les agents que vous me donnez ne peuvent ni prévenir ni réprimer les délits, placés comme ils le sont aujourd'hui entre leurs devoirs et leurs intérêts ?

(1) Il faut, on ne peut se le dissimuler, une force suffisante pour garder des forêts éloignées, situées dans des solitudes immenses, où les délits peuvent prendre un caractère désastreux avant que le garde ne soit averti : c'est dans le but de prévenir des malheurs irréparables, qu'il est essentiel que la surveillance soit *continue*, surtout pendant la saison des pacages.

(2) Comme en Prusse.

nistration forestière, et comme en matière sommaire.

Art. 14. Tout défrichement de terrains inclinés qui ne seront pas compris, conformément à l'article 5, parmi ceux dont le reboisement aura été reconnu nécessaire, ne pourra avoir lieu qu'après avis de la commission, de l'administration forestière et des conseils municipaux, et qu'en vertu d'un arrêté du préfet pris en conseil de préfecture. L'arrêté d'autorisation indiquera l'espèce de culture que le terrain devra recevoir [1].

Titre II.—Des bois situés sur des terrains inclinés, et des terrains inclinés non boisés, en dehors des zones montagneuses.

Art. 15. Le défrichement des bois situés sur des terrains inclinés est interdit. Les commissions, de concert avec l'administration forestière, détermine-

(1) Le défrichement des terrains inclinés ne peut être autorisé ni interdit d'une manière absolue : c'est une question d'appréciation qui doit dépendre de diverses circonstances locales, comme nous l'avons démontré. En outre, des terrains d'une déclivité considérable, livrés à des cultures annuelles, sont exposés à l'action érosive des eaux, tandis que, convertis en prairies, ils peuvent se conserver intacts, tout en ménageant au propriétaire des ressources précieuses.

Dans les dispositions qui précèdent, comme dans celles qui vont suivre, nous avons omis la pénalité en cas d'infraction, pour ne pas multiplier les détails. Il faut, avant tout, discuter et arrêter les principes : le reste en découlera naturellement.

ront, conformément à l'article 7, les mesures qui leur seront applicables.

Art. 16. S'il existe en dehors des zones montagneuses des terrains en pente dont le reboisement aura été reconnu nécessaire, il sera procédé à leur égard d'après l'article 5, et toutes les dispositions du titre Ier leur seront applicables [1].

Titre III. — Des terres vaines et vagues, dunes et falaises.

Art. 17. Les commissions, de concert avec l'administration forestière, indiqueront les terres vaines et vagues à reboiser dans un but d'utilité publique, et détermineront les lignes de direction des plantations et leur épaisseur, ou l'étendue des massifs suivant la destination des forêts [2].

(1) Cette disposition s'applique à des cas qui peuvent se présenter : c'est lorsque le reboisement de terrains inclinés, *quoique en culture*, devient nécessaire pour consolider le sol et éviter des éboulements qui menacent les propriétés inférieures, la voie publique, un bassin ou une vallée, pour conserver une source, ou pour opposer des obstacles à l'action des vents et modifier l'influence des phénomènes atmosphériques : l'utilité publique est ici manifeste.

(2) Les commissions rechercheront avec une vive sollicitude les plantations à opérer dans cette masse de terres improductives. Il est impossible de prévoir les divers cas. L'attention se portera successivement sur les côtes et dunes, sur les collines qui forment le dernier échelon des grandes chaînes, enfin sur toutes ces terres de nature variée, à divers degrés d'élévation, inégalement réparties, et où des ressources nouvelles et des plantations utiles peuvent être créées.

Les propositions des commissions seront soumises aux conseils municipaux des communes intéressées, et aux conseils généraux.

Le gouvernement statuera.

Art. 18. Les terres vaines et vagues appartenant à des particuliers, qui feront partie des terrains à reboiser conformément à l'article précédent, demeureront définitivement acquises au sol forestier. L'indemnité à accorder à ces particuliers sera réglée amiablement, ou par le juge de paix, sur le rapport d'experts nommés, l'un par l'administration forestière, l'autre par le propriétaire. En cas de discors, le tiers expert sera nommé par le juge de paix [1].

Art. 19. Les terrains *inclinés* appartenant à des particuliers, et qui ne seront pas compris parmi ceux qui doivent être reboisés d'après les articles 17 et 18, ne pourront être défrichés que sur l'avis de la commission, et en vertu d'un arrêté du préfet pris en conseil de préfecture [2].

Art. 20. Les terres vaines et vagues qui sont la propriété de l'État, des communes ou établissements publics, et qui ne font pas partie des terrains à reboiser conformément à l'article 17, seront successivement reboisés, d'après des proportions fixées annuellement

(1) L'utilité publique justifie cette mesure, qui d'ailleurs ne s'applique qu'à des terres de peu de valeur.

(2) Toutes les opinions sont unanimes sur la nécessité de conserver par le gazonnement ou par des plantations le sol des terrains inclinés.

par le pouvoir exécutif, sur les propositions de l'administration forestière, et après avis des conseils municipaux et des conseils généraux.

Art. 21. Les dispositions des articles 4, 5, 7, 8, 9, 10, 11 et 12 du titre I_{er} demeurent applicables aux plantations qui auront lieu en vertu des articles 17 et 20 du présent titre.

Art. 22. Les particuliers qui s'engageront à planter des terres vaines et vagues, et surtout celles auxquelles l'article 19 est applicable, à concurrence d'une étendue qui sera réglée entre eux et l'administration forestière, pourront, suivant les circonstances, obtenir à titre d'encouragement la délivrance de plants ou graines, le dégrèvement de l'impôt pendant un temps déterminé, et en outre une prime de 75 francs par hectare, à la charge par eux de se soumettre aux règles d'exploitation et d'aménagement qui seront déterminées par le pouvoir exécutif, sur les propositions de l'administration forestière.

Les encouragements ci-dessus pourront être accordés cumulativement ou séparément, suivant les circonstances.

TITRE IV. — Des bois de plaines.

Art. 23. Les bois des particuliers, situés en plaines, pourront être successivement défrichés d'après des proportions qui seront déterminées annuellement par les commissions, et sur les propositions de l'administration forestière.

Dans la détermination des défrichements à autoriser annuellement, les commissions et l'administration forestière auront égard à la fois à l'état général du reboisement, et aux divers intérêts locaux ou généraux qui doivent en étendre ou en restreindre les limites.

Les demandes des particuliers, accompagnées de l'enquête, de l'avis de la commission et des propositions de l'administration forestière, seront soumises aux conseils généraux pour être statué ultérieurement par le pouvoir exécutif.

Art. 24. Si l'existence d'un bois est reconnue nécessaire, le défrichement pourra en être ajourné ou interdit suivant les circonstances, et dans ce dernier cas, il pourra être procédé conformément aux articles 5, 6 et 7 [1].

TITRE V. — Voies et moyens.

Art. 25. Les dépenses relatives au reboisement des montagnes, et autres terrains spécifiés dans les articles

---

(1) Le projet de loi sur le défrichement, présenté à l'Assemblée législative, rendrait inutiles les dispositions de ce titre. Nous les conservons, parce que, dans notre opinion, le défrichement sans un système corrélatif de reboisement nous paraît présenter de graves inconvénients. Dans tous les cas, l'exception prévue par l'article 24 nous paraît justifiée par l'utilité publique.

16 et 17, seront supportées par les communes, les établissement publics, les départements et l'État, d'après un état de répartition arrêté annuellement par le ministre et soumis au corps législatif[1].

Art. 26. Un fonds spécial sera inscrit annuellement au budget de l'État pour pourvoir aux dépenses

---

[1] Le reboisement est une mesure d'utilité publique; mais on recule devant deux obstacles qu'on n'apprécie pas suffisamment : les répugnances locales, l'énormité de la dépense. Nous nous sommes attaché à prouver que l'intérêt privé peut se concilier avec l'intérêt général, et que, dans tous les cas, il ne doit pas prévaloir sur ce dernier. La dépense est évaluée d'une manière générale, et eu égard à certaines localités; elle ne me paraît pas aussi considérable qu'on le suppose. Dans les Pyrénées, par exemple, la reprise de la végétation aura lieu, dans bien des cas, sans autre condition que l'éloignement temporaire des animaux. Dans les montagnes du Var, le pin d'Alep se maintient et se propage sur des roches nues et arides, malgré les incendies fréquents qui dévastent ces montagnes. Nous pourrions établir par des faits nombreux que la nature reprend bien vite ses droits, si on ne la contrarie pas. Nous avons déjà rapporté comment dans le Bas-Rhin, le reboisement s'est opéré presque sans frais. Parmi divers documents, je citerai une excellente note de M. Pieffel sur la situation agricole de la colonie de Grand-Jouan; on voit avec quelle facilité et quelle économie le pin maritime prospère et se propage sur des landes défrichées. — Enfin il ne s'agit pas d'un reboisement subit et instantané; il s'agit d'améliorations *successives*, suivant l'urgence des besoins et d'après les ressources. Il s'agit en même temps d'une mesure conservatrice qui, en arrêtant la marche du mal, prépare un meilleur avenir. La volonté et le concours des administrateurs, voilà la première condition. Les résultats arrivent avec le temps, une surveillance continue, et des efforts progressifs et persévérants.

11

qui seront à sa charge en vertu de l'article précédent.

Art. 27. Le pouvoir exécutif, sur l'avis des commissions et des conseils municipaux, et sur les propositions des conseils généraux, désigne les communes qui doivent contribuer à la dépense.

Art. 28. En cas d'insuffisance des ressources ordinaires des communes, il sera pourvu à la dépense au moyen de prestations en nature dont le maximum est fixé à trois journées de travail, et, si le pouvoir exécutif le juge nécessaire, au moyen de centimes spéciaux en addition au principal des quatre contributions directes, et dont le maximum est fixé à trois [1].

Les agents forestiers dirigeront l'emploi des prestations en nature.

Les préfets, sur les propositions de l'administration forestière, détermineront les époques auxquelles

(1) La prestation appliquée à des plantations n'a rien d'extraordinaire. Chaque habitant plante dans un terrain où il exerce des droits d'usage, et dont il recueillera plus tard les produits. Cette disposition était en vigueur dans diverses provinces, avant la révolution. Un règlement de Louis XIV, du 13 avril 1673, obligea les communes de Soule et de Navarre à établir des pépinières dans leur territoire, et chaque habitant à planter annuellement un arbre dans les forêts domaniales, et deux arbres dans les terrains communaux. Des mesures semblables furent étendues dans le ressort de la maîtrise de Pau, par un règlement du 27 mars 1764.

Nous laissons au gouvernement la faculté de recourir à des centimes spéciaux, suivant l'opportunité des circonstances et suivant l'importance des travaux.

les prestations devront être faites, leur conversion en tâches, et le recouvrement en argent de celles qui ne seront pas acquittées en nature.

Art. 29. Il sera pourvu au contingent du département, au moyen de centimes facultatifs ordinaires, ou de centimes spéciaux votés par le conseil général.

Art. 30. Lorsque des communes ne sont pas intéressées aux dépenses prévues par l'article 25, leurs ressources pourront être attribuées en totalité par le préfet, sur les propositions de l'administration forestière, aux plantations particulières prescrites par l'article 20.

Art. 51. Lorsque les communes doivent concourir à la fois aux dépenses de l'article 25 et à celles prescrites par l'article 20, le préfet pourra, sur les propositions de l'administration forestière, attribuer à ces dernières une quotité des ressources communales qui ne pourra jamais s'élever au delà du tiers.

Art. 52. Une partie du fonds spécial constitué par l'article 26 pourra être affecté aux encouragements à accorder aux particuliers qui s'engageraient à planter de nouvelles forêts conformément à l'article 22.

FIN.

TABLE DES MATIÈRES.

LIVRE Ier.

LIVRE II.

www.ingramcontent.com/pod-product-compliance
Lightning Source LLC
Chambersburg PA
CBHW072353200326
41519CB00015B/3754